風景をつむぐディテール

土地・場所・時の設計図集

PLACEMEDIA 著

学芸出版社

はじめに

私たちの設計組織が設立されてから30年を迎えるにあたって、これまでの設計活動を何らかのかたちでレビューすることを考えはじめたのが、2021年の春であった。この頃には、ちょうど一年前から顕著となった新型コロナウィルスの感染拡大によって在宅勤務やリモートワークは常態化し、パートナーもスタッフも新しい働き方に適応しはじめていたことが、ある意味では幸いであった。参加する場所を問わないオンラインミーティングとヴァーチャルなメディアを通じてディスカッションを重ねることが、逆説的にリアルなものへの渇望を高めた。モニター上に映し出されるデジタル化された空間や景観のイメージが、ほぼスケールレスであることに対して、等身大のリアルなモノとスケールを反映するディテールデザインへの意識が先鋭化しただろう。ここで誤解されては困るので申し述べておくが、それまでディテールデザインへの意識が希薄であったわけではない。むしろその逆で、私たちは人一倍ディテールへのこだわりを持ち続けていたと自負している。ただしそれは、建築におけるディテールデザインと同じ考え方で取り扱うべきもので、どこまで建築に肉薄できるか、という目標に向かって実践されていたにすぎない。ランドスケープと建築では、ディテールデザインへの向き合い方は異なるのではないか、漠然とそう感じてはいたものの、その違いはどこに見いだされるのか、深く考える機会を求めることをしていなかった。本書は、そのような協働的思考のプロセスを、現段階で一旦、図像化、言語化したものである。

目次

はじめに 3

5つのコンセプトとキーワード 7

おわりに 157

索引 158

著者・関係者一覧 160

1章 その場所ならではであること – Locality 9

1.1 周りの風景を取り込む 10

・飛騨高山美術館 飛騨高山の街を見通す 11

・JOSAI 安房ラーニングセンター 安房外房の太平洋を見渡す 13

・植村直己記念公園 受け継ぐ風景、つなぐ風景 15

・広島市環境局中工場 眺望の見切り、緩勾配の芝生面 17

1.2 場のかたちを捉える 18

・石川県政記念しいのき迎賓館
風景の魅力を際立たせ、受け止める 19

・日本生命札幌ビル 北海道の気候風土を映す「床」 22

・勝浦市芸術文化交流センター 地形の建築的形態操作 24

・Water/Cherry 土地のポテンシャルを引き出す庭の設え 27

1.3 気配を引き込む 30

・東急キャピトルタワー 隣接地と一体化する植栽基盤 31

・高崎アリーナ 匂いでつなぐ 33

・COMICO ART MUSEUM YUFUIN / COMICO ART HOUSE YUFUIN
由布院に溶け込むように 35

・島津製作所E1号館
山並みをも取り込んだ南庭北園の空間構成 37

column 東京都立多摩産業交流センター
模型によるディテール・コミュニケーション 39

2章　さまざまであること – Diversity　40

2.1 素材の表情をいかす　41

・住友不動産大崎ツインビル東館
野面石積みに磨き加工を加える　42

・JR ゲートタワー　昼と夜、地と図の反転、場面の転換　44

・氷川ガーデン　うつろいを受け止める装置としての石　47

2.2 みどりを重ねる　50

・城西大学　既存を活かし、多様な動きを生み出す　51

・豊洲三丁目3街区　無機質な通路を潤す緑の天蓋　53

2.3 いきものと共生する　55

・ICI 総合センター　エコロジカルな水循環システム　56

・東京ガーデンテラス紀尾井町
アーバンスケール・ヒューマンスケール・ホタルスケール　59

・シマノ下関工場 Intelligent Plant
工業と環境の接点、生き物のためのさまざまな場所　61

column　HOTEL THE MITSUI KYOTO
偶発的に生まれる多様性　64

3章　いき続けること – Sustainability　65

3.1 豊かな下地を整える　66

・早稲田大学本庄高等学院 梓寮　中庭に風景が顕れること　67

・ムスブ田町　雨水を介して呼吸する高機能な環境基盤　69

・リズモ大泉学園 大泉学園駅北口地区第一種市街地再開発事業
屋上に人とみどりの居場所をつくる　71

3.2 コンテクストとつながる　74

・式年遷宮記念せんぐう館　周辺環境と同化する　75

・早稲田大学37号館 早稲田アリーナ　第二の大地　77

・パッシブタウン 黒部　自然環境と一体になる住環境デザイン　81

3.3 自然なふるまいを促す　83

・城西国際大学　人のつながりをつくる　84

・早稲田大学37号館 早稲田アリーナ　座るための装置　86

column　パッシブタウン 黒部　自然環境がつなぐコミュニティ　88

4章　しなやかであること – Resilience & Adaptability　89

4.1 しなやかに対応する　90

・宇治のアトリエ　雨水との付き合い方を可視化する　91

・ひたち野南近隣公園　雨水の動態が形として顕れる　93

・GINZA SIX　水景からアクティビティの場へ転換できる水栈敷　95

・コンフォール松原B2/B3街区
雨水の受け皿を生活に溶け込ませる　98

・HOTEL THE MITSUI KYOTO　水盤に映る前景の設え　101

4.2 さりげなく設える　104

・春日部市東部地域振興ふれあい拠点施設（ふれあいキューブ）
ホールと風景をしなやかにつなぐ　105

・曳舟駅前地区I街区　防災井戸で遊ぶ　108

・川口並木元町近隣公園　日常に溶け込み地域の人に愛される公園　110

・七ヶ浜町の復興まちづくり事業における景観再生計画
まちとうみをつなぎなおす　114

・南三陸町震災復興祈念公園　忘れない記憶を大地に刻む　116

column　早稲田大学37号館 早稲田アリーナ
現場で生まれるディテール　120

5章　物語があること – Narrative & Story　121

5.1 見えないものを映しだす　122

・SIX SENSES KYOTO　東山を映しだす石積み　123

・大手町川端緑道　江戸のエッセンスを織り込む　124

・GINZA SIX　ふたつの文化を組み合わせる　127

5.2 離れたときをつなぐ　129

・平等院鳳翔館　1000年を回遊するシークエンス　130

・新宮市文化複合施設（丹鶴ホール）　重層する歴史を表出させる　132

・林田大庄屋旧三木家住宅　風景を受け継ぐ　134

・東京国立博物館庭園再整備計画　時代に合わせて変わり続ける庭　136

・九段会館テラス　やさしく重ねる　138

・HOTEL THE MITSUI KYOTO　記憶を映すもてなしの景　141

5.3 みどりを受け継ぐ　144

・東北大学片平キャンパス片平北門会館
既存地盤を保つ鋼板ウォール　145

・高志の国文学館　土地に固有の風景を描く　147

・立教女学院　樹林の間を縫う階段　149

・カリタス学園　既存樹を保護する舗装　151

・長崎市役所　受け継がれるクスノキ広場　153

column　渋谷駅東口地下広場　変化を受け入れる素地としての設え　156

5つのコンセプトとキーワード

本書のコンセプトを設定するにあたって考えたことは、これまでの実務経験の中で幾度となく意識してきた概念をディテールデザインにあてはめてみるとどうなるか、ということであった。それらの多くは、デザインのテーマやソリューションに至る戦略を組み立てる際に参照してきた概念である。課題や実際のデザインに落とし込むための戦略や手法は、クライアントに十分理解される必要があるし、共感を得るためには、同時代の社会に広く共有されている問題意識や価値観を反映させることが求められる。振り返ってみると、デザインのテーマや戦略をそのような意識のもとにディテールに反映させようとしたことはそれほど多くはなかった。理由はいくつかあるのだが、やはりディテールを考える上で避けては通れない、そう信じて疑うことのなかった空間スケールの制約が大きい。しかしその一方で、空間の絶対的スケールの呪縛から一旦開放された状態で考えてみることができると、少し展望がひらけるのではないだろうかという期待もあったので、ここでは仮説的にではあるが、次に示す5つのコンセプトを示すキーワードを設定した。

地域性
Locality

ランドスケープデザインが、対象となる敷地や空間が立地する地域のさまざまな環境的特徴を反映するべきものであることは自明であり、そのことは論を待たない。それだけに、最もわかりやすいと思われるこの地域性という概念をディテールに反映させるために参照すべき事項について改めて確認する。

多様性
Diversity

近代の建築と都市インフラは、多様性の対極にある画一性や均質性を前提とした機能の効率性、サービスの公平性を追求してきた。これに対し、社会の価値観が急速に転換しつつある現在、多様性の意味するところはさまざまな分野においてポジティブにとらえられる共通のコンセプトになっている。

持続可能性
Sustainability

技術的な側面からこのコンセプトのディテールデザインへの展開を考えるための視点は二つ想定される。一つは、広がりのあるローカルな物理的環境の持続可能性を高めることにフォーカスする視点、もう一つは直接デザインを施した空間と要素の持続可能性を確保することにフォーカスする視点である。

レジリエンス
Resilience
& Adaptability

環境の物理的な状態に関わる分野において、レジリエンスの概念が広く意識されるようになったのは、頻発する自然災害に対する防災・減災意識の高まりにある。ここでは、そこからさらに発展して、さまざまなストレスや制約に対して、無理なくしなやかに対応するために求められるディテールのあり方を考える。

物語性
Narrative
& Story

このコンセプトには、客観的な視点から綴られ、何らかの結末を伴う筋書きや展開を意味するStoryと、個々の主人公自身が主観的に綴る結末のないNarrativeの二つの意味がある。その違いを空間とそこでの体験に置き換えて、ディテールデザインのあり方を考えてみることがここでの試みである。

　ランドスケープデザインが、土地の上で物理的な空間と環境を扱う職能である以上、機能性、合理性、経済性、安全性、さらに近年ではそこに環境性を加えた多様な要件のもとで、無理のない自然な納まりと洗練された審美性を追求することが、ディテールデザインの本分であることに疑いを差し挟む余地はない。さらに、ディテールの集積としての空間の全体像、あるいはその逆に、全体を構成する部分としてのディテールという相互規定の関係も不変であり、そのことの普遍的な意味と価値は揺るがない。それをふまえた上で、ここに示したようなキーワードが意味するところからディテールデザインを考察し実践する、そのような複眼的な視点と複線的な思考に基づく実践が求められる時代になっているのではないかと考えている。

1章

その場所ならではであること

Locality

1.1 周りの風景を取り込む

敷地の中に身をおいた時に境界を越えて目に入る周囲の地形や植生、事物もまた、デザインの対象にほかならない。敷地の中でそれらとの間に固有の視覚的関係を切り結ぶことができた時、境界は意識から消え去る。

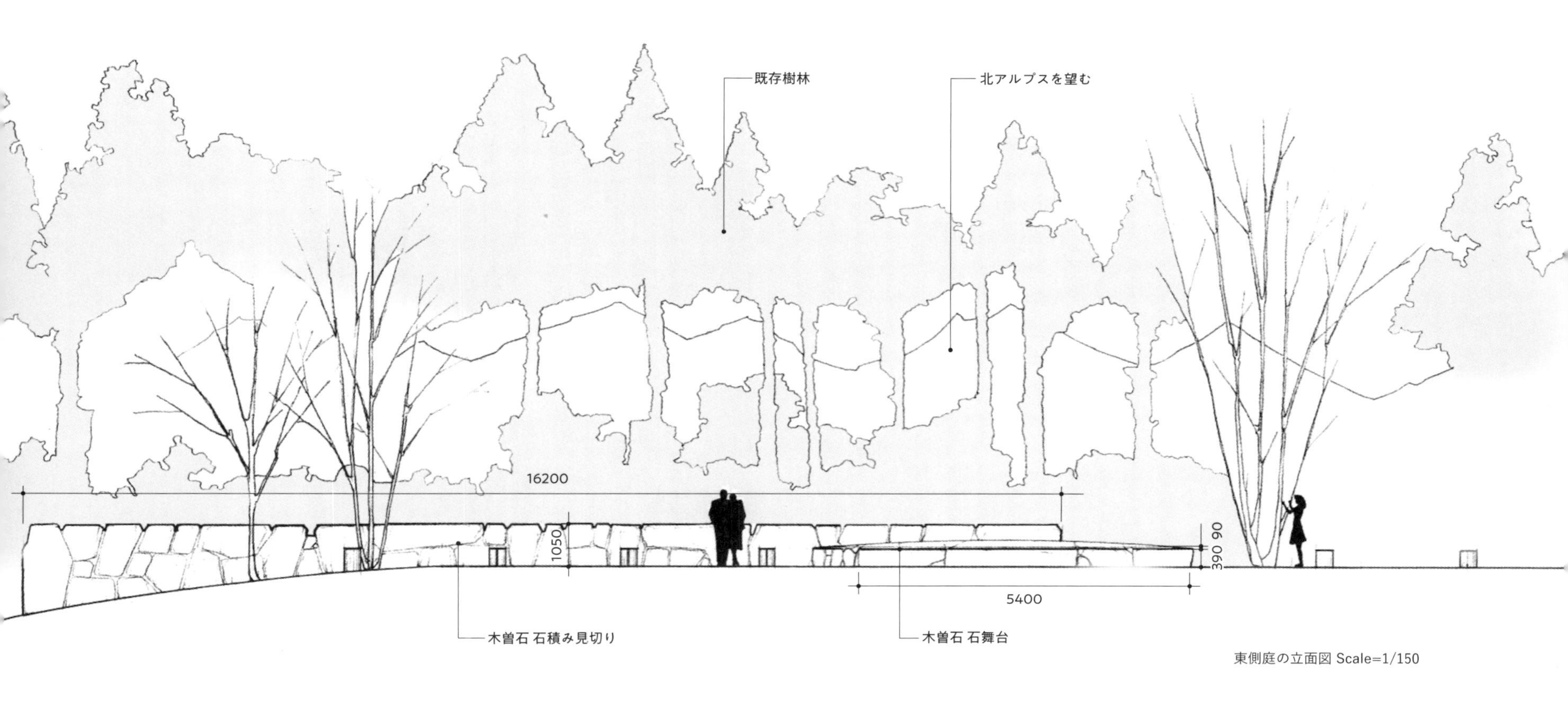

東側庭の立面図 Scale=1/150

■ 飛騨高山美術館｜飛騨高山の街を見通す

豊かな自然と伝統文化に育まれた独自の景観を持つ土地において、美術館が座する地に新たな息吹を生み出す「丘の再生」を試みた。美術館は、高山の街を見おろす小高い丘の上にある。周囲をアカマツと落葉樹の雑木林に囲まれ、市街地からなだらかに続く丘のランドフォームの中に庭を計画した。東側に位置する庭は、この丘の豊かな自然と来館者をつなぐ場である。水平に延びる低い石積みウォールの天端は、この庭の背景となる北アルプスの稜線を借景として取り込むための見切りであり、石舞台の平坦面とともに常にそこにとどまる。周囲の草花が、樹木が、雨や雪や影が、移ろいゆく時間を感じさせ、一方そこにとどまる石積みが、移ろうものをより明確に我々に伝える媒体となる。

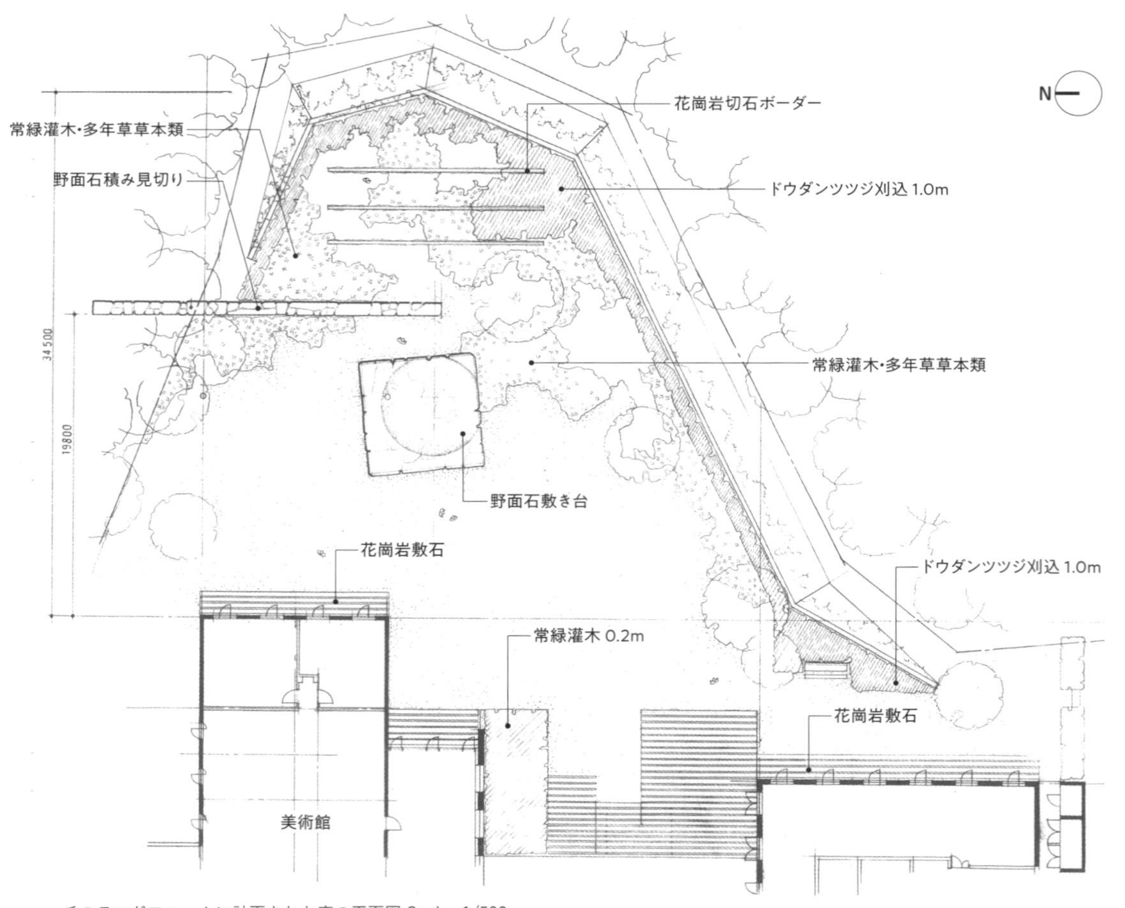

丘のランドフォームに計画された庭の平面図 Scale=1/500

庭の奥に北アルプスを望む

木曽石の石積み見切りと石舞台

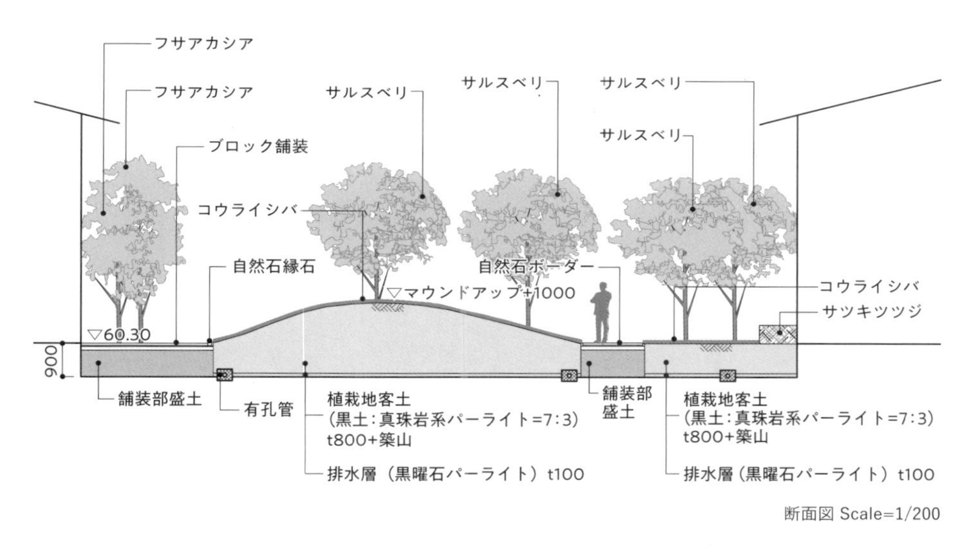

断面図 Scale=1/200

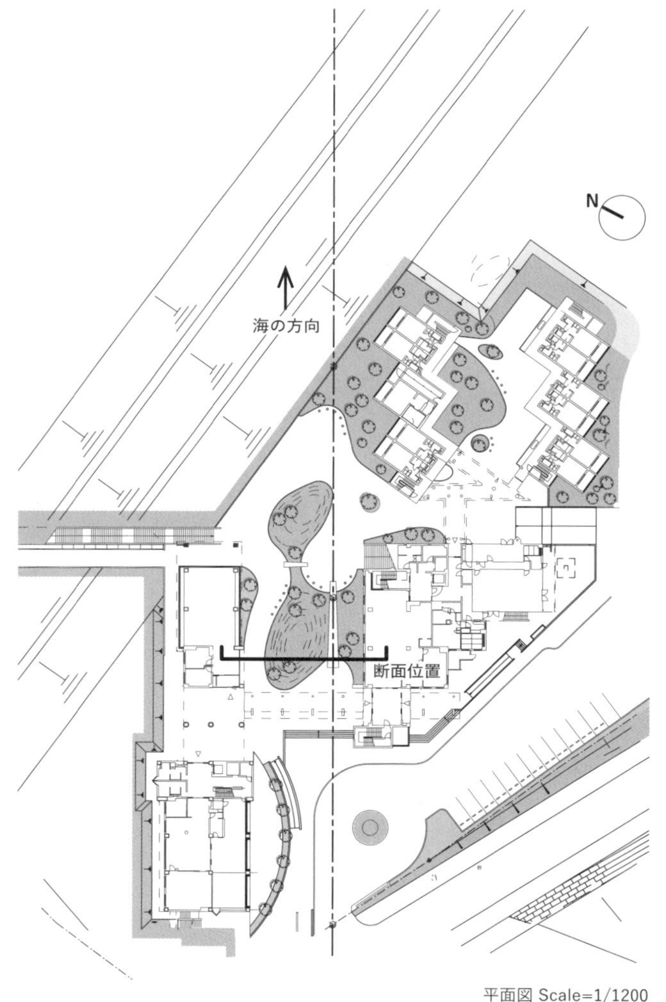

平面図 Scale=1/1200

■ JOSAI 安房ラーニングセンター｜安房外房の太平洋を見渡す

千葉県鴨川市の青い海が見える敷地で、点在する建築群と緑が重なり合う風景の創出を目指した。しかしこの敷地の主要部分が軟岩の切土によって造成された土地であることから、新たな植栽が困難な条件下にあった。そのために建築群全体の GL を 900mm 持ち上げ、そこに植栽用の土壌を全面客土することにより必要な植栽基盤を確保した。それによって生まれた柔らかな芝生のマウンドと重なり合うサルスベリの枝の向こうには海への視線の抜けが確保され、細く絞った石の舗装面がヴィスタラインを強調している。夏の強い陽射しに映える芝生の緑とサルスベリの赤い花、幹や枝の影、そして青い海が建築群と一体となって、鴨川らしい風景をもたらしている。

海へのヴィスタライン

木製デッキと芝生

自然石乱張り

スポーツ公園へのアプローチ

■ 植村直己記念公園｜受け継ぐ風景、つなぐ風景

敷地は南下がりの緩やかな斜面に小さな沢が入り込む微地形に縁どられた土地である。敷地とその周辺には野面石積みで構成された棚田地形が広がっていた。ここでは、既存の石積みを残置修復しつつ、いくつかの小テラス（平面図：PL.T/PV.T）を既存地形に沿うように設けている。写真（右段中央）に写るスポーツ公園へのアプローチは、奥に行くほど間隔が広くなるユリノキの並木、砂利敷き、芝生、石舗装、本磨きの石壁によって、その先へと視線が伸び、川を挟む対岸の石積み、神鍋山地の稜線へと風景をつないでいる。

広域図（Google Earth をもとに作成）

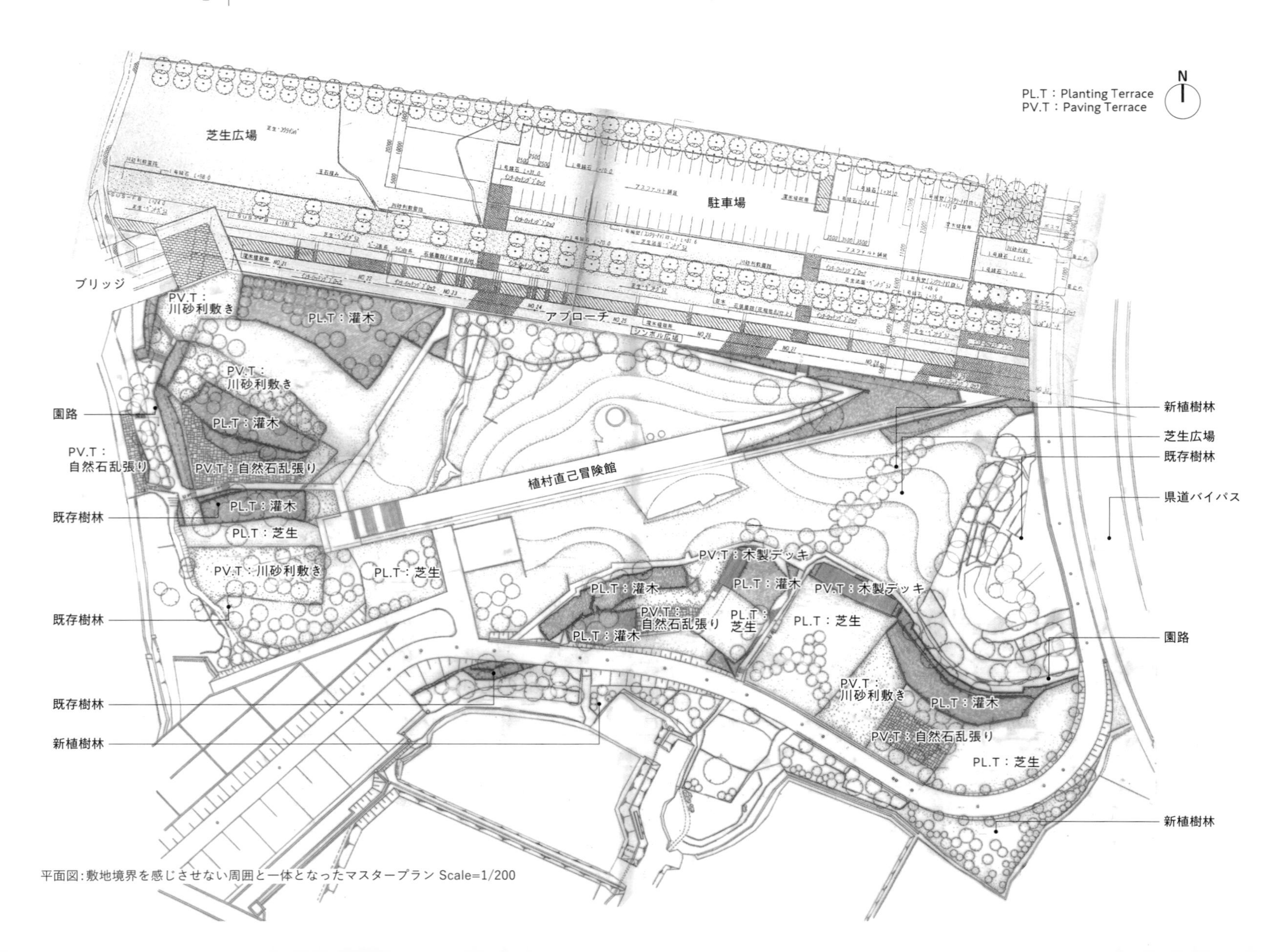

平面図:敷地境界を感じさせない周囲と一体となったマスタープラン Scale=1/200

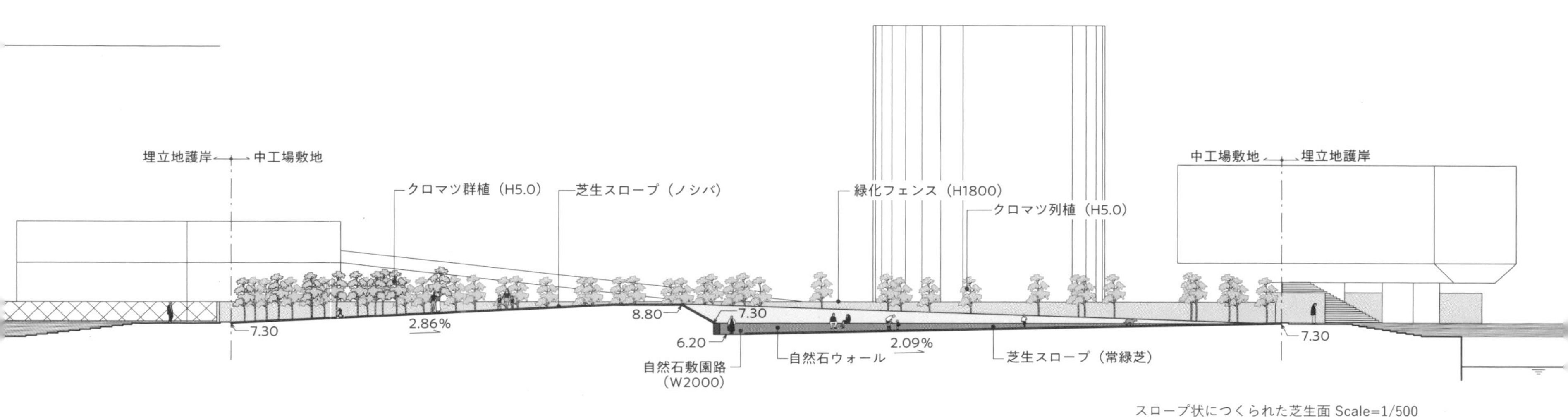

スロープ状につくられた芝生面 Scale=1/500

瀬戸内のウォーターフロント

■ 広島市環境局中工場｜眺望の見切り、緩勾配の芝生面

臨海埋立地の端部に設定された広大なオープンスペースは、瀬戸内海のウォーターフロントそのものである。しかし、この場所で汀線まで近づいてしまうと、どこにでもある土木的な護岸が視界を大きく占拠することが懸念された。そこで、ここでは海に向かって徐々に地盤レベルが高くなる大きな芝生の面を形成し、海側に近い部分が見切ることを意図した。これにより、広場の内側に居ながらも両側にわずかながら海面を視認することができて、視界の中央には厳島や江田島など、広島の海景を代表する島々のシルエットが浮かぶ。海面が見えなくても、瀬戸内の海を感じることができる場所となっているはずである。

1.2　場のかたちを捉える

風景の中にはその土地に由来するかたちが存在するが、それらの本質を抽象することからはじまるデザインがある。
スケールを超えて参照されたかたちは、土地と場所を結びつける継ぎ手としての存在感を主張する。

車（左端）を隠す芝生の高さ

戸室石の擁壁

■ 石川県政記念しいのき迎賓館｜風景の魅力を際立たせ、受け止める

敷地周辺にある兼六園や金沢城の石垣、堀、斜面、これらは大地の可塑性を活かした垂直的な空間形態である。それに対して緩やかな起伏を持ちながら水平に広がる芝生の斜面を構成し、大きな器「盆」の創出を試みた。迎賓館から金沢城の石垣を眺める視界の中に設けている芝生の起伏は、左上の写真のように車・人の姿を隠す高さ設定とし、近景の芝生と、視対象となる石垣が一連の風景となるようにつないでいる。

辰巳用水を引き込んだせせらぎは、兼六園の池と水源を同じくすることで、周辺との連続性を感じさせる。園路側には水に近づけるように小段を設け、せせらぎの途中にはレベル調整と多様な水の表情を楽しむことができるように堰を設けた。またマウンドの端部には、金沢で昔から使い続けられてきた「戸室石」の無垢材を使った擁壁を設け、アクセントとしている。

辰巳用水を引き込んだせせらぎ

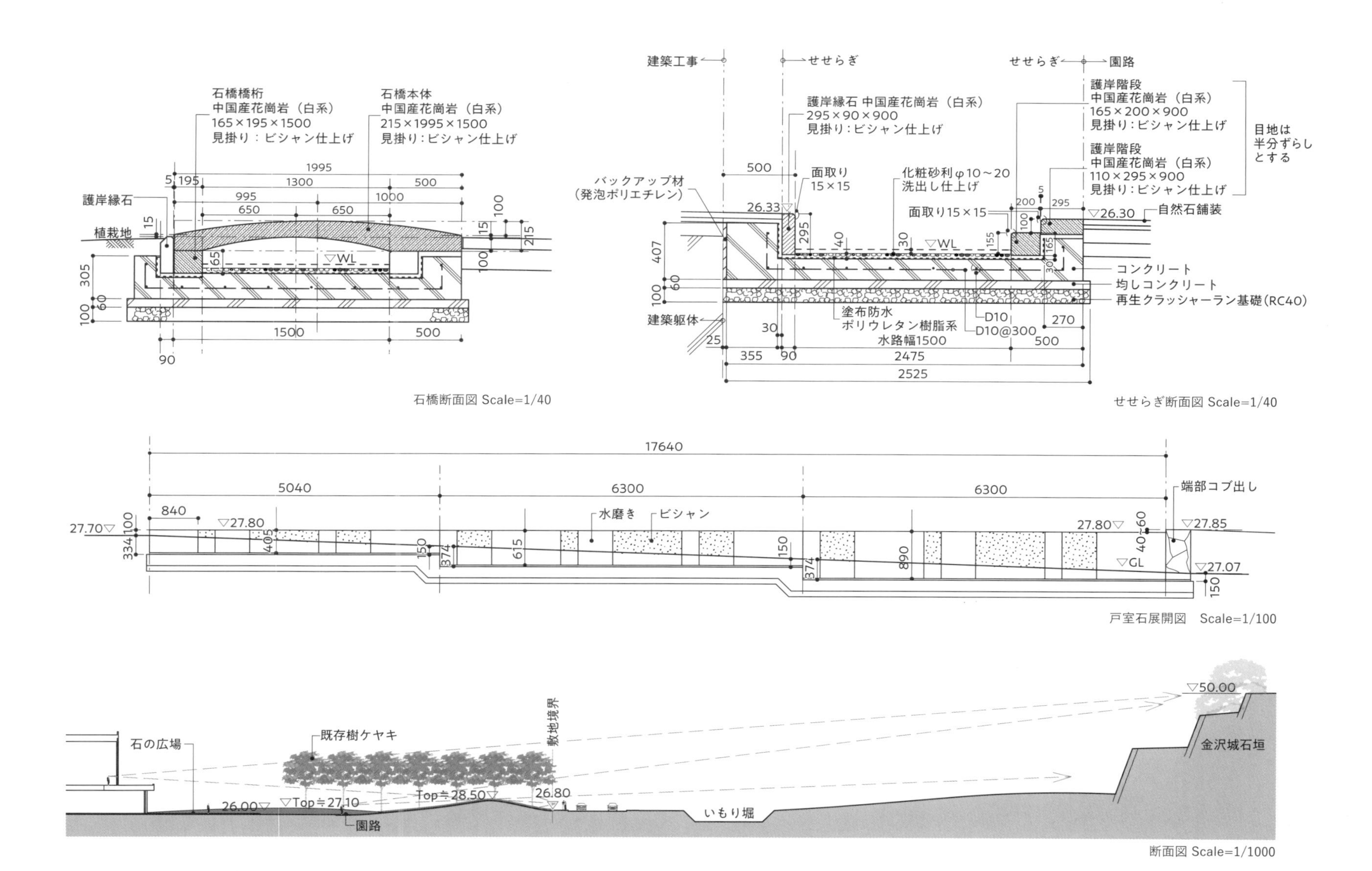

石橋断面図 Scale=1/40

せせらぎ断面図 Scale=1/40

戸室石展開図　Scale=1/100

断面図 Scale=1/1000

夏のようす

冬のようす

ライトアップ

■ 日本生命札幌ビル｜北海道の気候風土を映す「床（トコ）」

旧北海道庁とその周辺地区の空間の格式を継承し、左上の写真左端に写る北三条通り、イチョウ並木、床が一体となったフォーマルな景をつくることを目指した。ここでは四季折々に緩やかにうつろうイチョウ並木や、商業施設内外の人のアクティビティを主役としつつ、自然現象を映し出す立体的な床を設えた。冬には、舗装面との融解速度の違いにより、床の上のみ雪が残る。雪が積もったスケールの大きな起伏は、北海道の環境をより強く顕在化させ、大地の力強さを感じさせる。床の側面エッジには、仕上げの異なる花崗岩を積層させ、北海道の大地の地層を表現している。

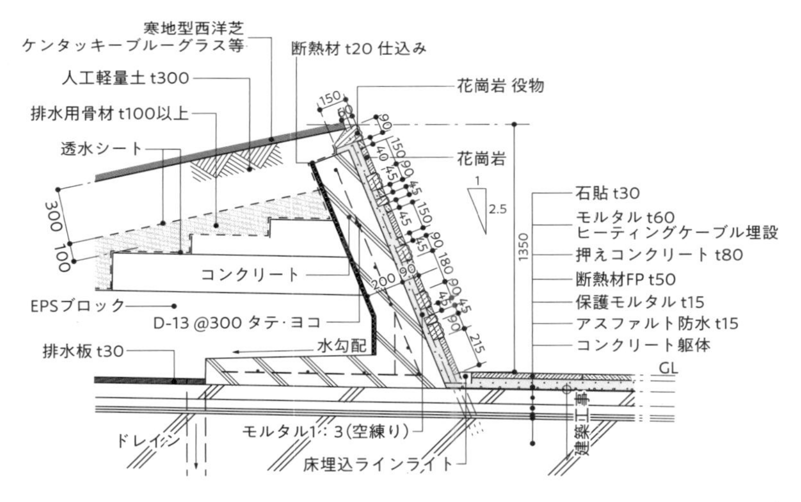

土留壁断面図 Scale=1/40

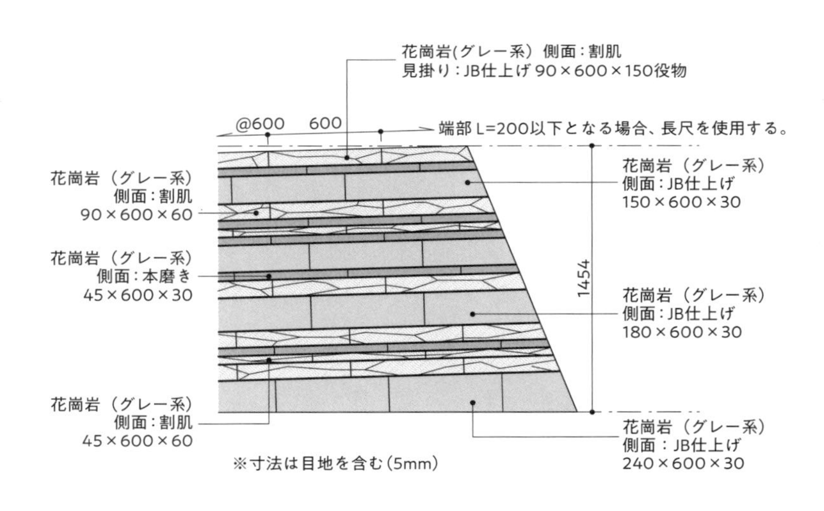

土留壁展開図 Scale=1/40

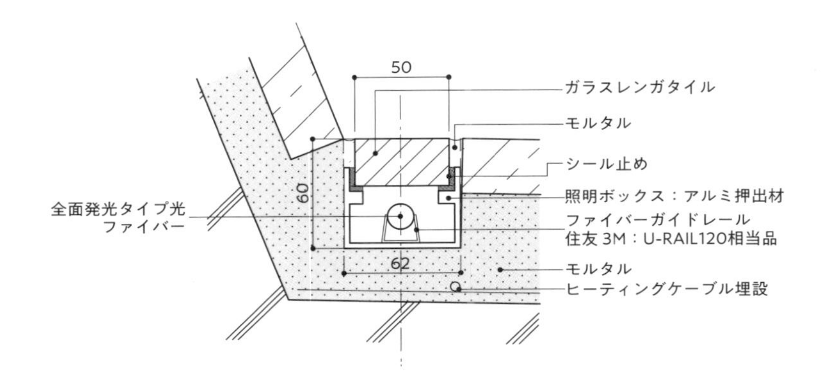

床埋込ラインライト断面図 Scale=1/4（参考図）

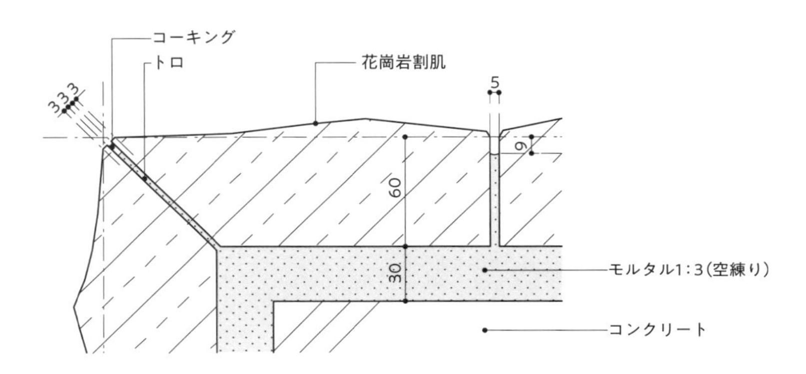

端部矢視図 Scale=1/4

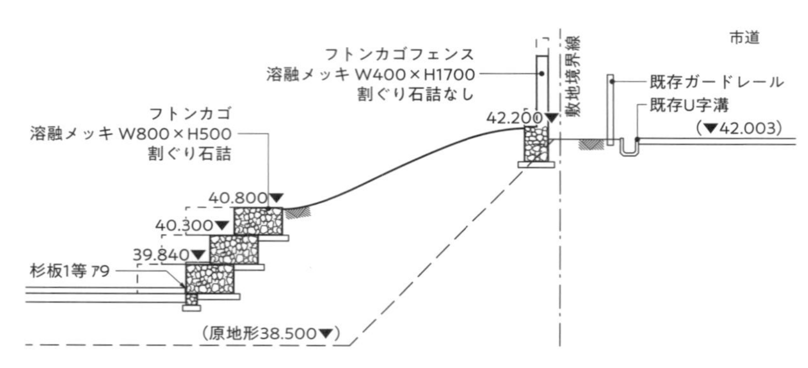

地形を受け止めるフトンカゴ（上段部）断面図 Scale=1/125

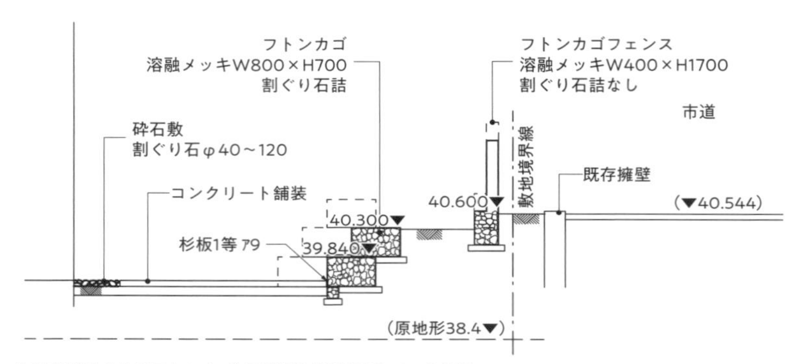

地形を受け止めるフトンカゴ（下段部）断面図 Scale=1/125

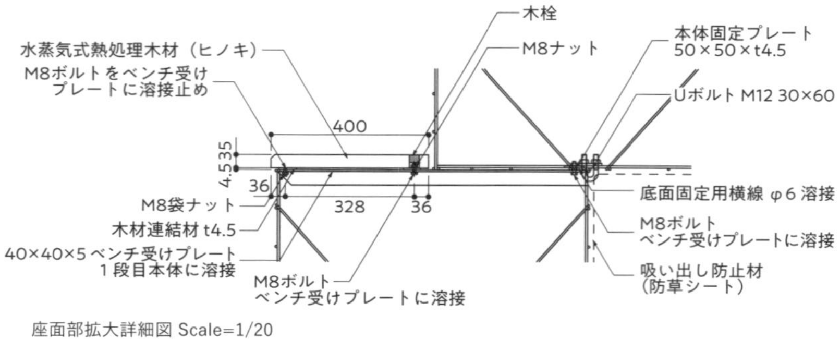

座面部拡大詳細図 Scale=1/20

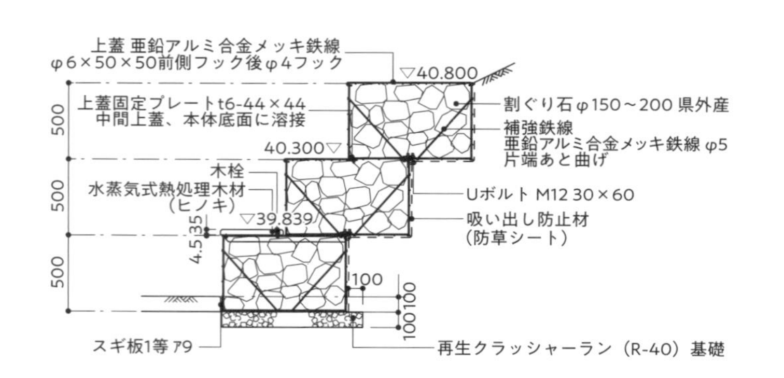

フトンカゴ拡大詳細図 Scale=1/50

■ 勝浦市芸術文化交流センター｜地形の建築的形態操作

グラウンドとして造成された敷地のエッジには、複雑な原地形とのひずみや造成法面が現われていたが、建築は敢えてそこに配置されている。ランドスケープはこれを受けとめ、地形と建築との間を取り持ち、高低差のあるランドフォームをアーキフォームに重ね合わせることを試みた。波の浸食によって露わになった「段」を重ねたような独特の海岸地形と、町をあげて開催される雛祭りの「段」のかたちを取り入れ、造成地形をフトンカゴ土留め擁壁による雛壇状の建築的形態に置き換え、原地形と造成法面とのひずみを解消した。フトンカゴの擁壁が広い敷地に空間の骨格を与え、ランドスケープのエレメントを、フトンカゴを用いた意匠で統一することで、建築と共に勝浦らしい風景をめざした。

フトンカゴと砕石で構成された給水塔

勝浦の断層が見られる原地形

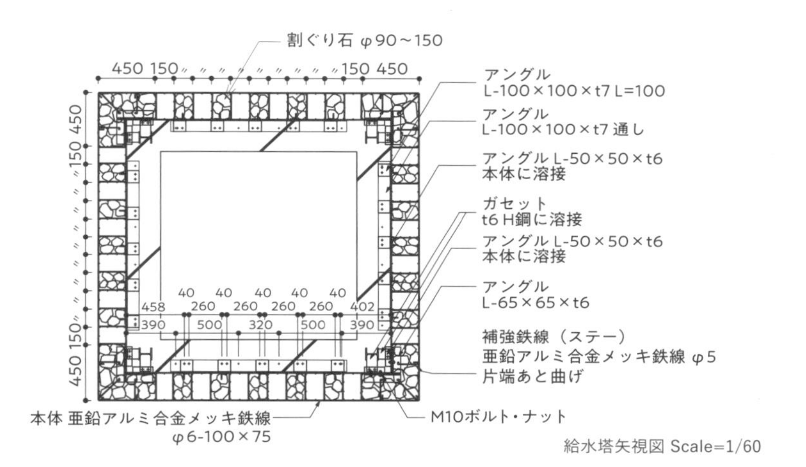

給水塔矢視図 Scale=1/60

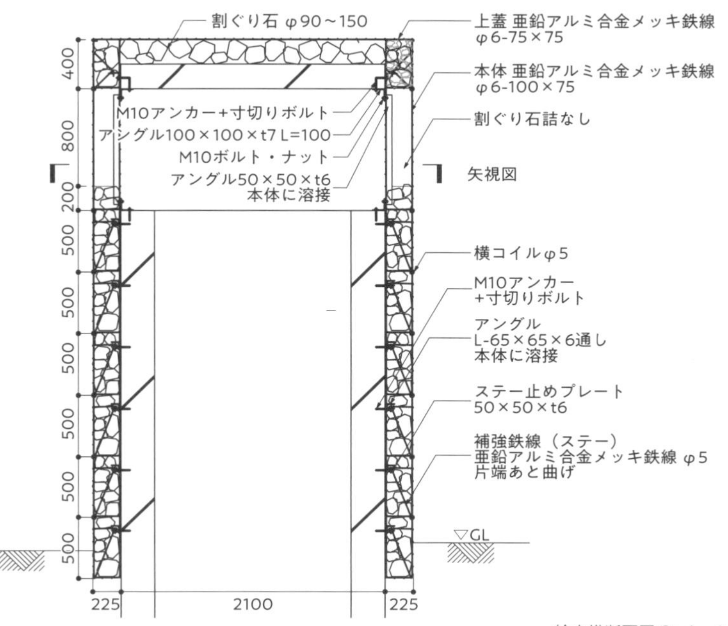

給水塔断面図 Scale=1/60

フトンカゴの擁壁による雛壇

エントランスへのアプローチから海への眺望

■ Water/Cherry ｜土地のポテンシャルを引き出す庭の設え

海岸沿いの切り立った崖の上部に立地する別荘である。崖線に沿って既存の植生があり視界が遮られているため、敷地のどこからでも海が見えるわけではなかった。そこで地形と呼応したひとつながりの水景として、壁泉、渓流、小滝、中池、大滝、下池を設え、水を中心としたシーンの展開を建築とともに生み出した。特に建物のエントランスへのアプローチでは、動線上の壁泉から水が湧き出しせせらぎとなり、それを渡り右に折れると、視線の先には海面が見えてくる。そこからエントランスへは空中の回廊を通り、右手に渓流と小滝、眼下には中池、左手には大滝とその先の下池がつながり、その先に海への眺望が広がっている。

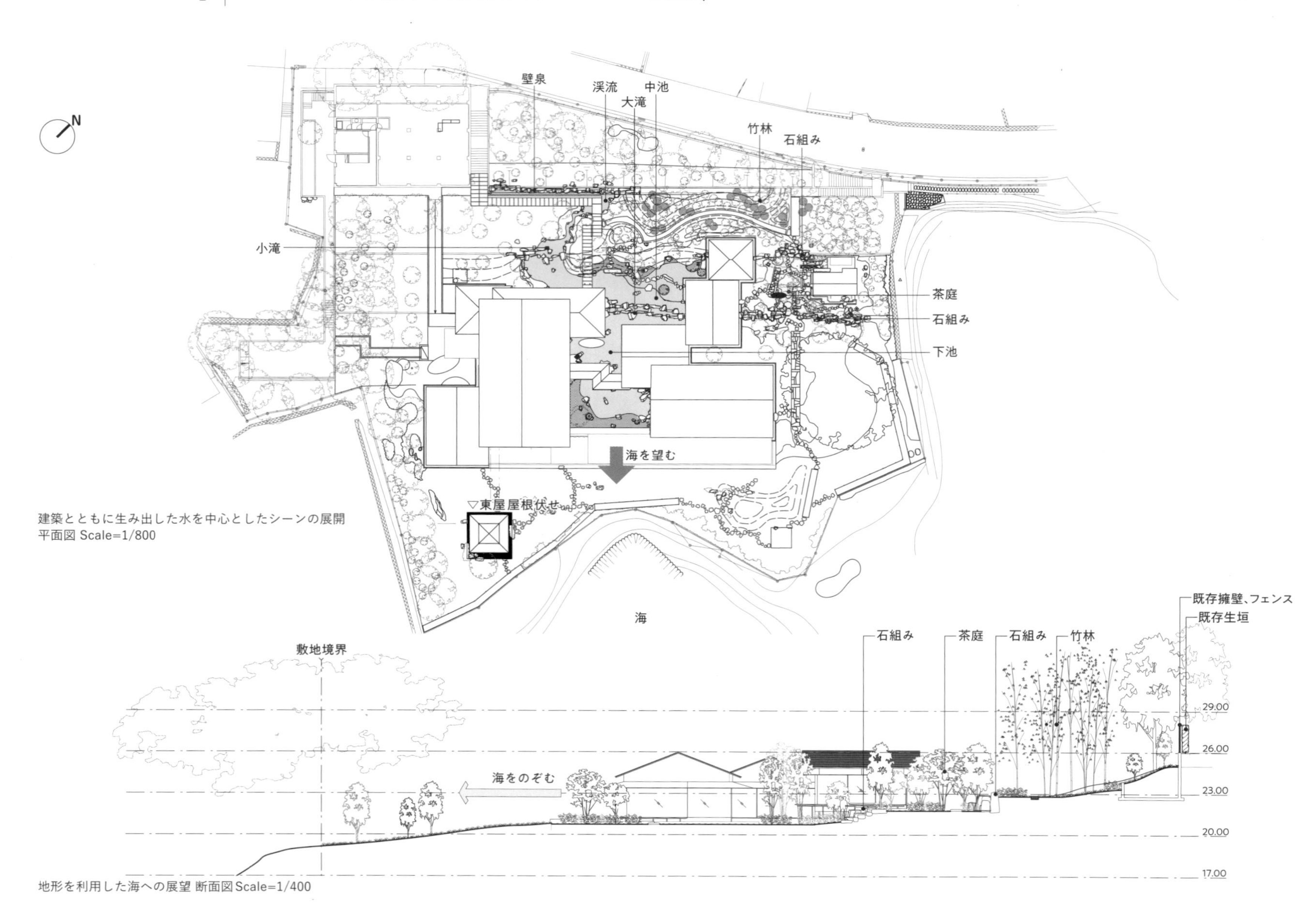

建築とともに生み出した水を中心としたシーンの展開
平面図 Scale=1/800

地形を利用した海への展望 断面図Scale=1/400

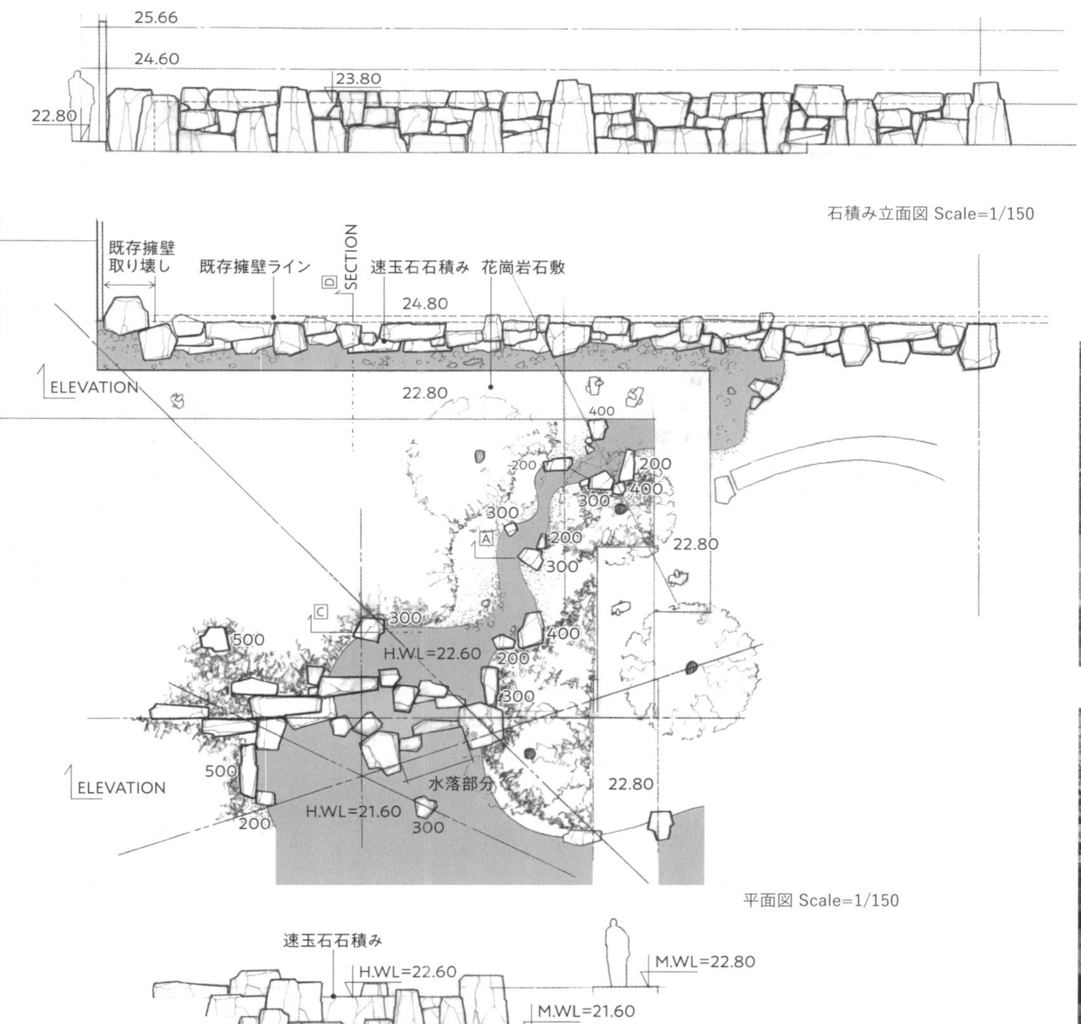

石積み立面図 Scale=1/150

平面図 Scale=1/150

石積み立面図 Scale=1/150

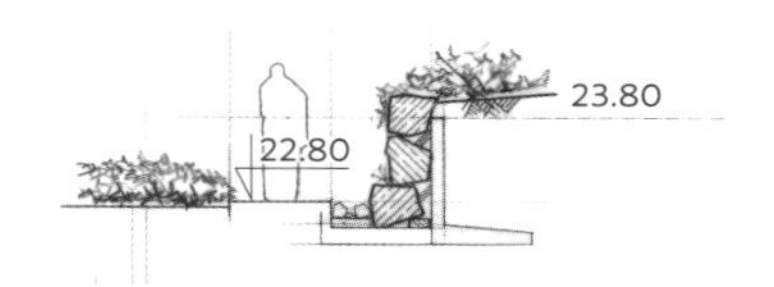

石積み断面図 Scale=1/150

海へ向いた延段と既存サクラ

速玉石の石積み

1.3 気配を引き込む

土地の歴史と人や自然の営みから醸し出される独特の空気感（Atmosphere）のようなものが場を支配することがある。それらは、五感に訴求するデザインを通じてはじめて、身のまわりに漂う気配として人を包み込む。

人工地盤の樹林を背景に、社叢の樹林が前景に広がる

社叢と一体となった敷地内の緑

■ 東急キャピトルタワー｜隣接地と一体化する植栽基盤

都心に残された貴重な自然と歴史を体現する山王日枝神社の社叢。江戸時代から続く境内の圧倒的な緑量に隣接する立地では、その価値を最大限に享受できる空間の創出が求められた。敷地のほぼすべてが人工地盤となるホテル計画のもとで、この境内に匹敵する樹林を新たに造成するための植栽設計のディテールがここでの課題であった。小高い丘に広がる境内に連続するように造成された立体的なランドフォームの中に、十分な深さと面的な広がりのある植栽基盤を確保するための断面構造と、効率的な潅水・排水施設が実装されている。約10年の時を経て、あたかも社叢と一体化したかのような豊かさをみせる樹林は、この場所ならではの存在である。

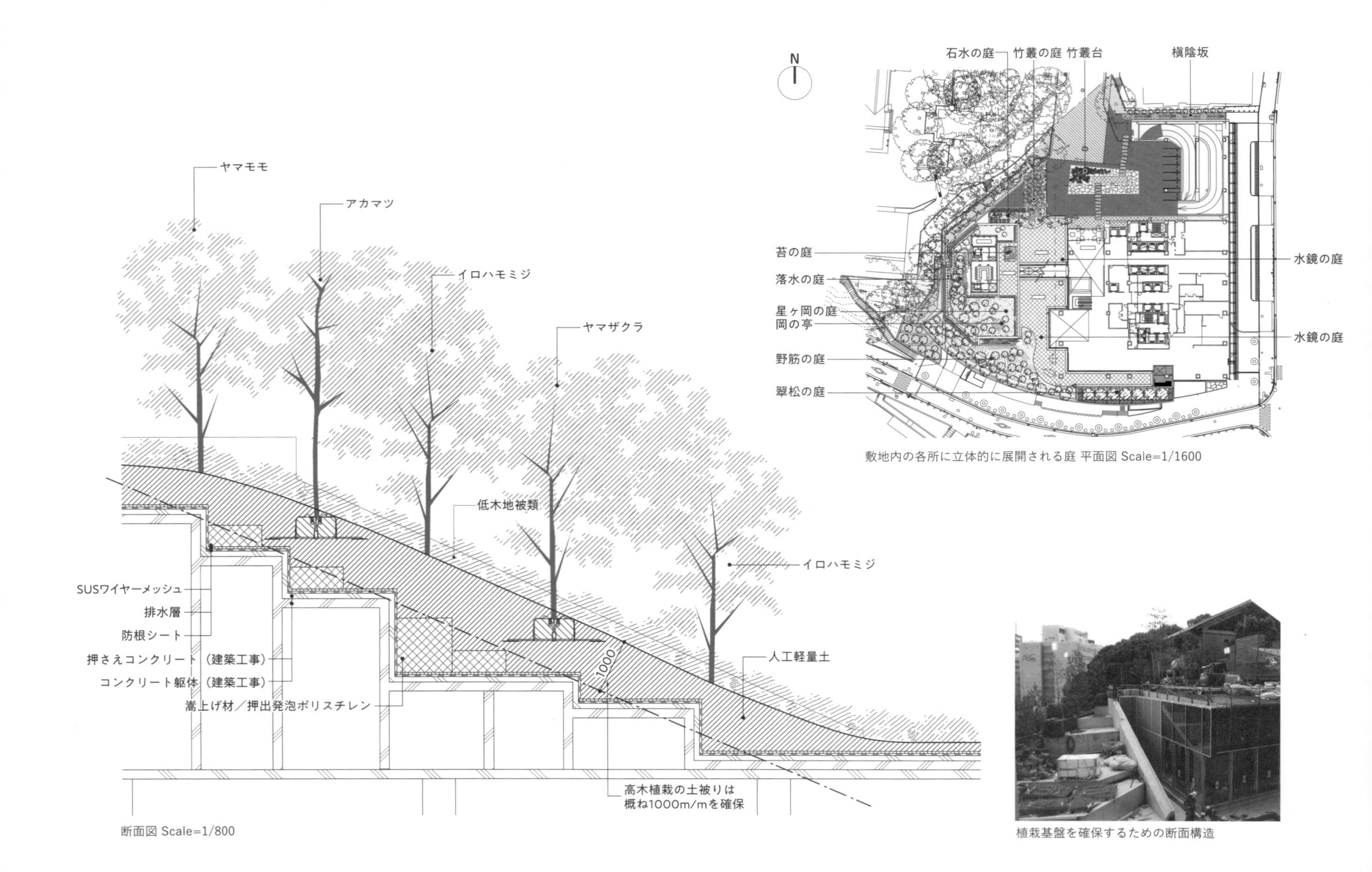

断面図 Scale=1/800

敷地内の各所に立体的に展開される庭 平面図 Scale=1/1600

植栽基盤を確保するための断面構造

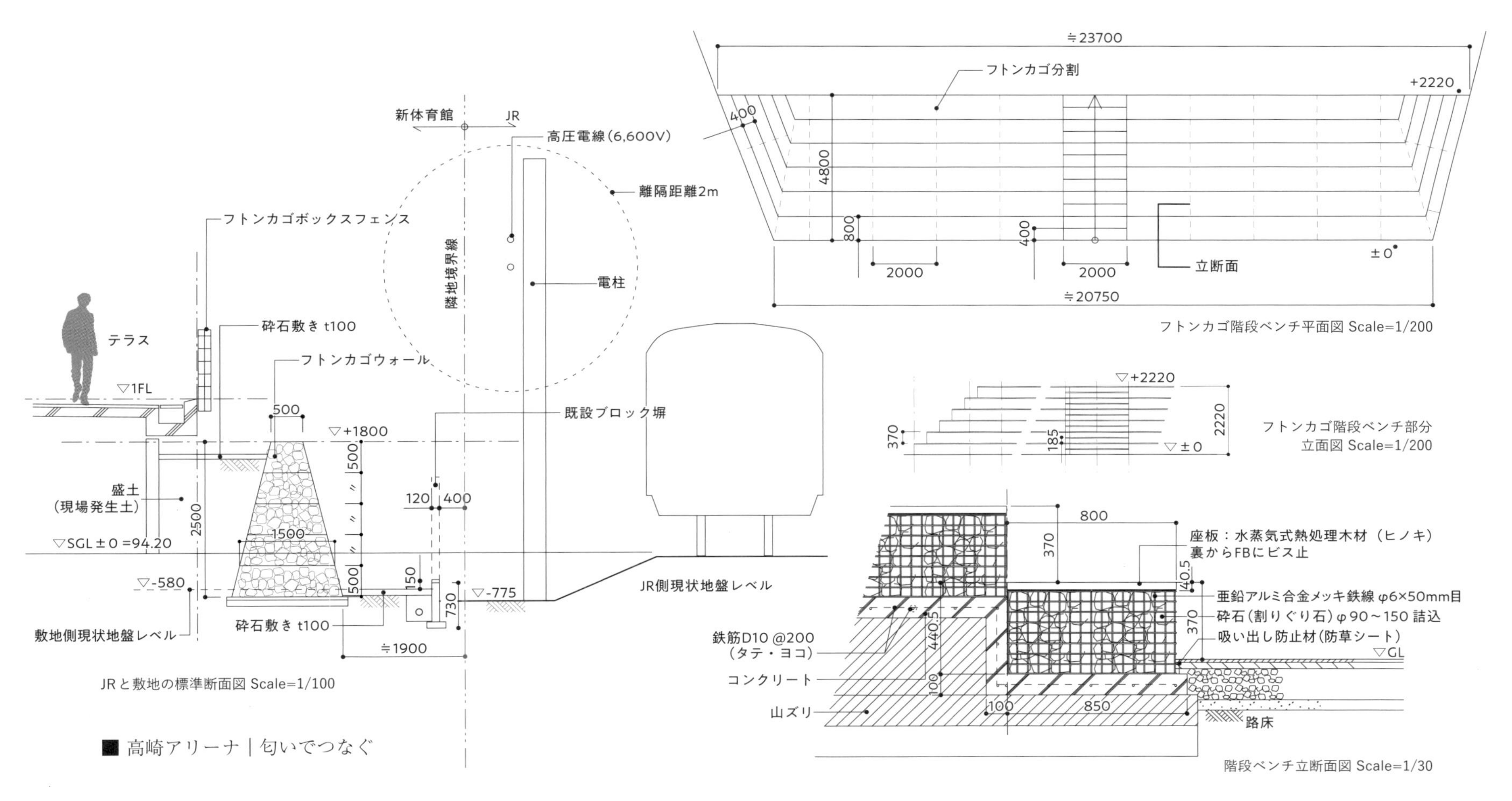

JRと敷地の標準断面図 Scale=1/100

フトンカゴ階段ベンチ平面図 Scale=1/200

フトンカゴ階段ベンチ部分立面図 Scale=1/200

階段ベンチ立断面図 Scale=1/30

■ 高崎アリーナ｜匂いでつなぐ

敷地は高崎駅南側500m、JR線（上越新幹線、高崎線）と私鉄上信電鉄に挟まれたまさに鉄道敷きにあると言ってよい。変則的な形状の敷地いっぱいに、その輪郭をなぞるような建築のデザインとこの「場」をつなぐため、ランドスケープでは「際」の部分に注力した。鉄道敷きに一面に広がるバラスと銀色に輝く線路とサビは、この場所の色であり、匂いであり、魅力であると捉え、石と鉄の中に立ち上がるアリーナを目指した。線路と建築、敷地内の空地の際に、跳び箱状の断面形状の中に砕石を充填したフトンカゴ（100mm目H500mm W500~1500mm 5段重ね）を、北側のテラスには階段ベンチ（50mm目H400mm W800mm）を、また隣接する住宅地との間にはフトンカゴの塀（75mm目W225mm）も差し込み、風景を調えた。

周辺平面図 Scale=1/4000（Google Earthをもとに作成）

敷地からJR側を見る

JR線側からのフトンカゴウォール

フトンカゴを利用した階段ベンチ

敷地南西の大分川から臨む、板塀内側の木々と由布院の風景がつながっているようす

待月の庭

地産石材と植物によるローカリティの表現

■ COMICO ART MUSEUM YUFUIN/COMICO ART HOUSE YUFUIN｜由布院に溶け込むように

由布院を特徴づける地形、水系、温泉はいずれも、由布盆地の東に座する由布岳にはじまる。このような場所では、新たに何か特別なものを付け加える必要はなく、風景に溶け込み、違和感を発しないことが最も重視される。そこで、美術館および分棟三棟の個性的な建築に対して、「由布院に溶け込む」ことを念頭に置いた庭を設えた。敷地の中央には地元で産出する石材を使った石組みと植物によるローカリティの表現を、南側では東の空にのぼる月を眺めその月あかりに映える空間を、さらに敷地のそばを流れる川のせせらぎや風にそよぐ竹の葉ずれの音にひたる場を、それぞれに整えた。そして敷地全体は樹木によって柔らかく包み込むことによって、由布院の街に溶け込むことを目指した。

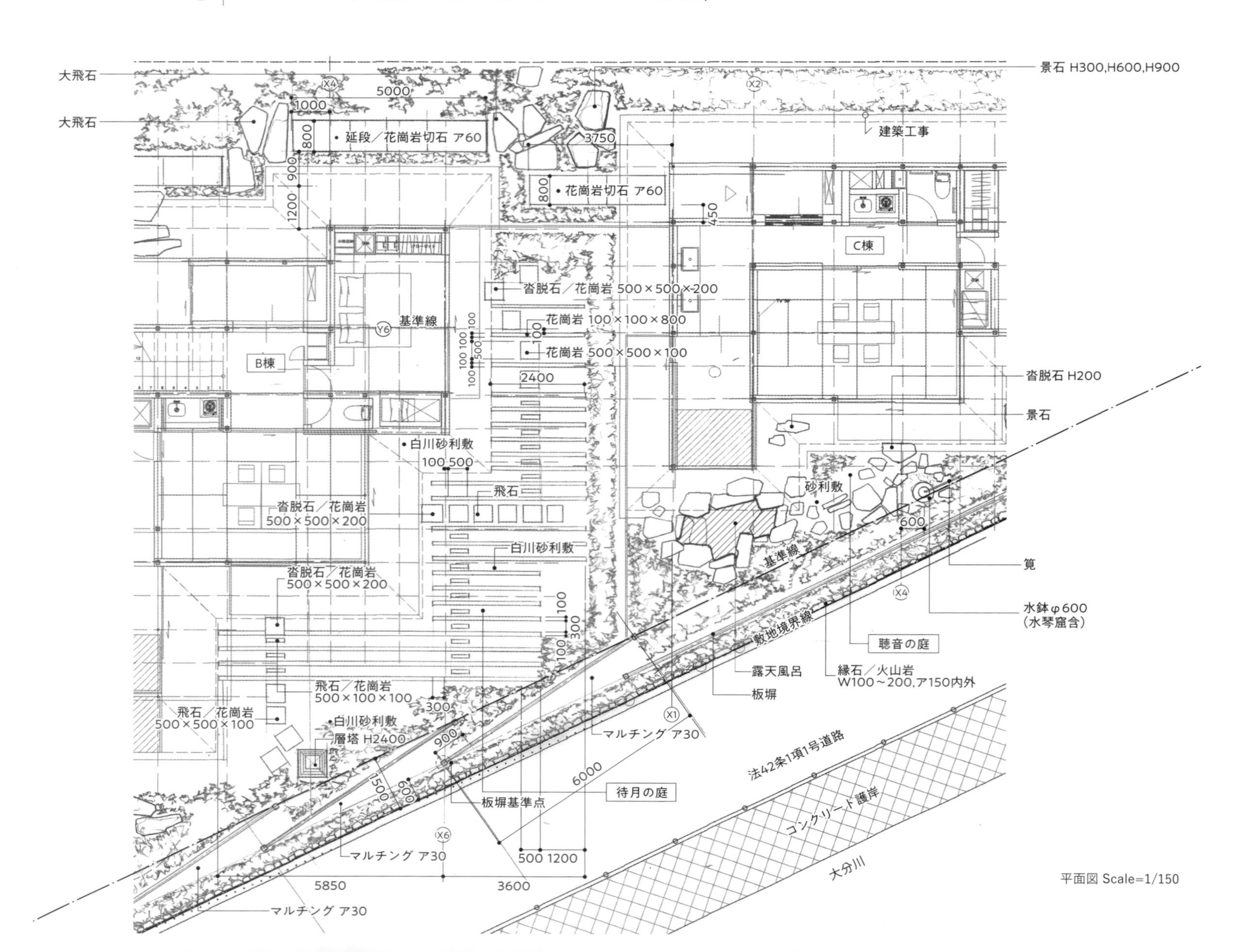

平面図 Scale=1/150

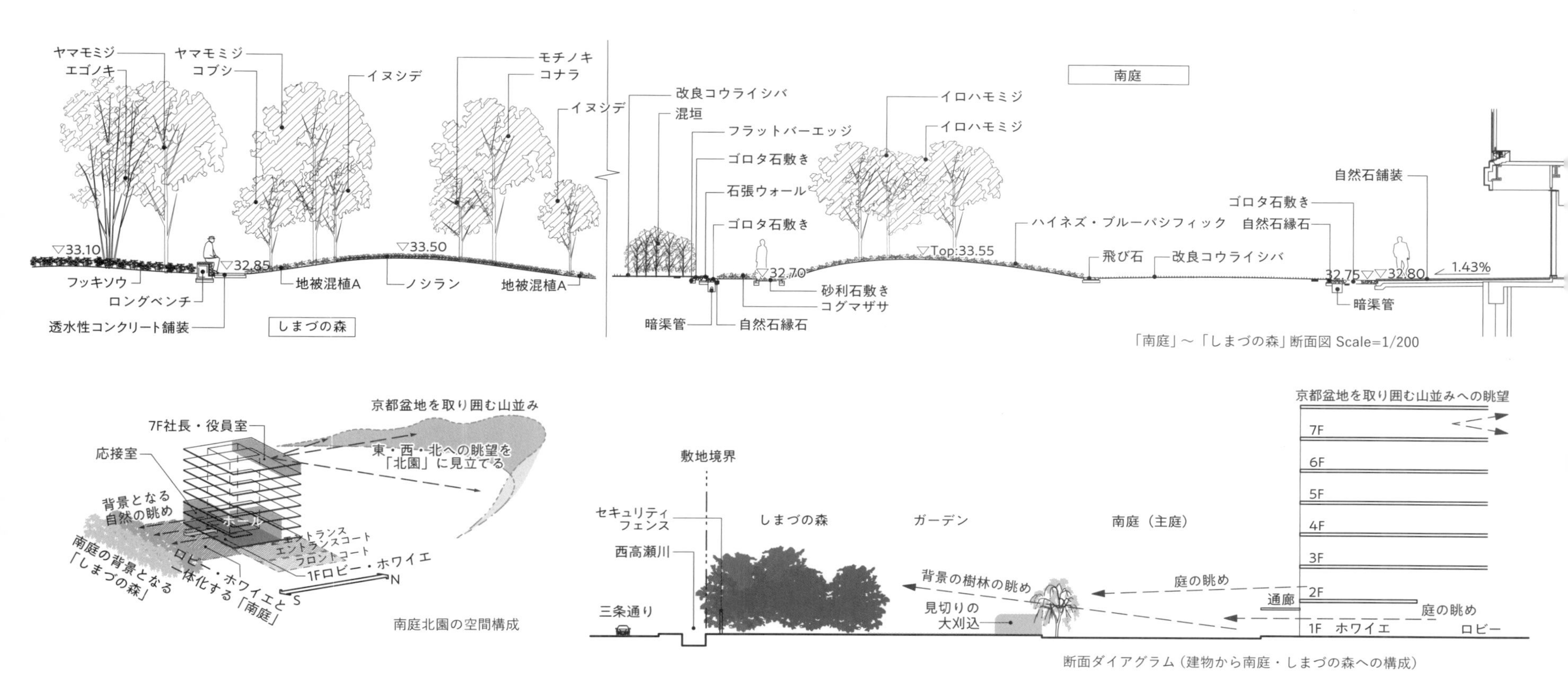

■ 島津製作所E1号館｜山並みをも取り込んだ南庭北園の空間構成

歴史都市京都に製造拠点を置く国際的な精密機器メーカーが本社屋を建て替えるにあたり、コーポレートイメージを先導するランドスケープの創出を目指した。京都の歴史的コンテクストを反映するコンセプトとして、大規模な禅宗寺院の塔頭街のアナロジーをコーポレートキャンバスに展開することと、方丈になぞらえた本社屋の北側に京都盆地の山並みを望みながら、南側と東側にそれぞれ特徴的な庭を設える南庭北園の空間構成を組み立てている。

社屋南側は、多様性に富む植生の樹林「しまづの森」を背景に緑のレイヤーが重なる様相をロビーやテラスから眺望できる、非常に奥行きのある南庭である。東側は、緩やかに隆起する滑らかな石組のマウンドが人を迎えるフォーマルなエントランスコートである。いずれもシンプルな構成の中に、素材の組み合わせや切り替えに細心の注意が払われたディテールが見え隠れする。

多様性に富む植栽計画と、目線や風の通り方に配慮した爽やかな場

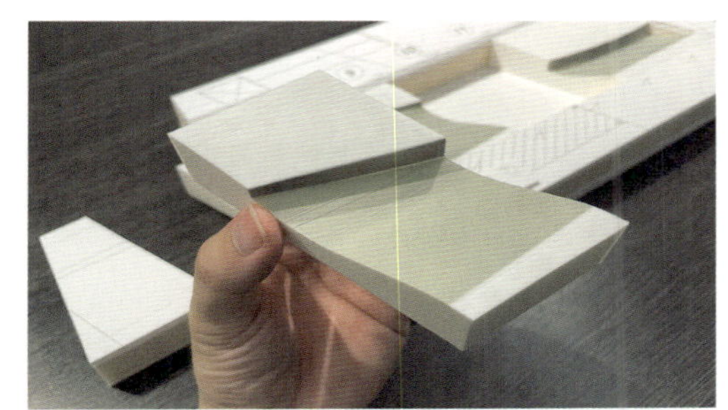
3Dプリンターによる詳細模型

中国国内の工場での加工

小川の再現を試みたせせらぎ水路

column

東京都立多摩産業交流センター（東京都八王子合同庁舎、八王子市保健所を内包）
模型によるディテール・コミュニケーション

八王子はかつて「桑都」と呼ばれるほど絹の生産と絹織物産業が盛んで、それによって発展した街である。2022年秋、JR八王子駅の北側にオープンした「東京たま未来メッセ」の舗装は、その歴史にちなんで織物をモチーフにした舗装パターンで構成されており、南側のエリアでは特徴的な平行四辺形のモジュールが採用されている。ここに地域の湧水を利用して、かつてこの場所にあった小川の再現を試みたせせらぎ水路があり、同じモジュールの平行四辺形のピースを連続させることでなめらかな流線型を描くデザインとなっている。使用された石材は、中国国内の工場にて加工したものを日本国内に輸入し、据え付け施工するプロセスを経ることとなった。設計に携わる者であれば心当たりがあろうが、この海外工場での製品加工には設計意図を詳細に伝達することが欠かせない。三次元の複雑な形態加工においてその形態自体を正確に伝えることや、石材のディテールのニュアンス（ここでは例えば角部分の面取りや仕上げの具合を指す）の共通認識を得るために、設計者は海外工場現地に足を運び加工職人と直接のコミュニケーションをとることもある。しかし、コロナ禍で海外渡航が不可能となったため、これに代わる方法が必要となった。そこで採用したのが3Dモデルを元に3Dプリンターを用いて立体化した詳細模型による遠隔コミュニケーションである。1/30スケールによる全体模型と1/15スケールの部分模型を作成し、仕上げの違いや面取りのニュアンスまでを表現したうえで、それらを海外工場に直送し、正確な設計意図の伝達を試みた。模型を用いたコミュニケーションの開発を模索することによって、制約のある中でも複雑なデザインを正確に実現させた事例である。

2章

さまざまであること

Diversity

2.1　素材の表情をいかす

風景に見い出される多様な質感は、空間を構成する要素の素材感や相互関係の集積によってもたらされる。自然物であれ人工物であれ、物質としての素材に働きかけることを通じて、その本性が美しい表情をみせる。

水磨きの加工を行った木曽石

産地での材料選定

石積み部全景

■ 住友不動産大崎ツインビル東館｜野面石積みに磨き加工を加える

石積みは人の営為の中に自然の存在を感じさせてくれる、優れたランドスケープ的な構造物である。本来、土地の高低差を処理することや空間の領域を示すことに用いられるが、ここでは木曽石の野面石積みの天端を部分的に加工することで、座る場所としての機能を併せ持たせている。一般的には人為的な加工を施すことが少ない木曽石だが、切削した切断面に水磨きの加工を施すことで、この素材ならではの特徴を顕在化させ、現代的な都市空間や建築と一体的に生み出される現代の庭を表現する要素として扱った。座る行為を通じてより近くで目にし、手で触れることになるので、木曽石の持つ素朴で変化に富んだ風合いやテクスチャーがより印象的に感じられるであろう。

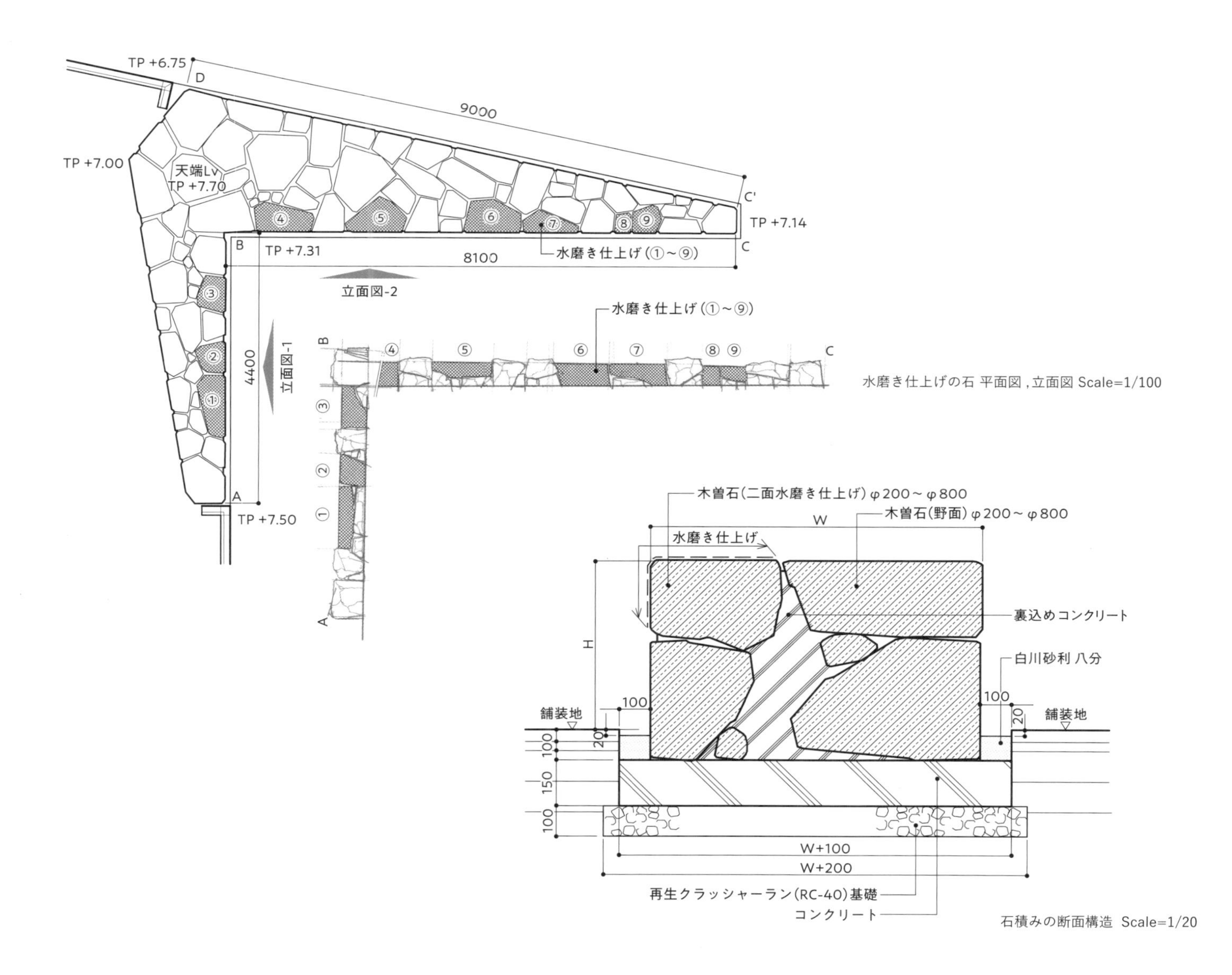

水磨き仕上げの石 平面図，立面図 Scale=1/100

石積みの断面構造 Scale=1/20

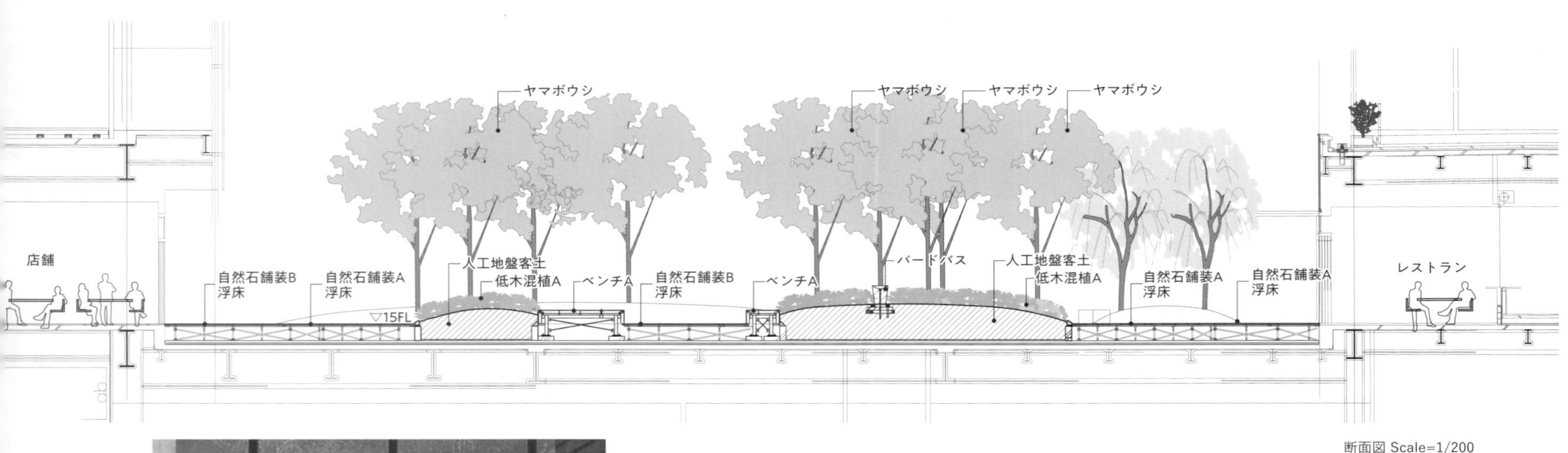

断面図 Scale=1/200

スカイストリートより見た中庭

夜になり白く光るベンチ

■ JR ゲートタワー｜昼と夜、地と図の反転、場面の転換

この超高層タワーはターミナル駅に直結しているため、来訪者は建物から出ずにオフィスやホテルのある高層棟へ直接アクセスできる。そのため高層棟へのエントランスがある15階の中庭では、大地から隔絶していても四季の変化を身近に感じられるよう、落葉樹を主体とした疎林が展開されている。樹下の人造大理石のベンチは昼間には白い座面が緑陰を映し出すキャンバスとなり、夜間には白く発光し樹冠を淡く照らし出す。このベンチは、昼と夜とで地から図へと反転し、その変化には、春の新緑、夏の緑陰、秋の紅葉、冬の落葉した樹姿も含まれ、樹木の存在や四季の変化を顕在化させる媒体となっている。

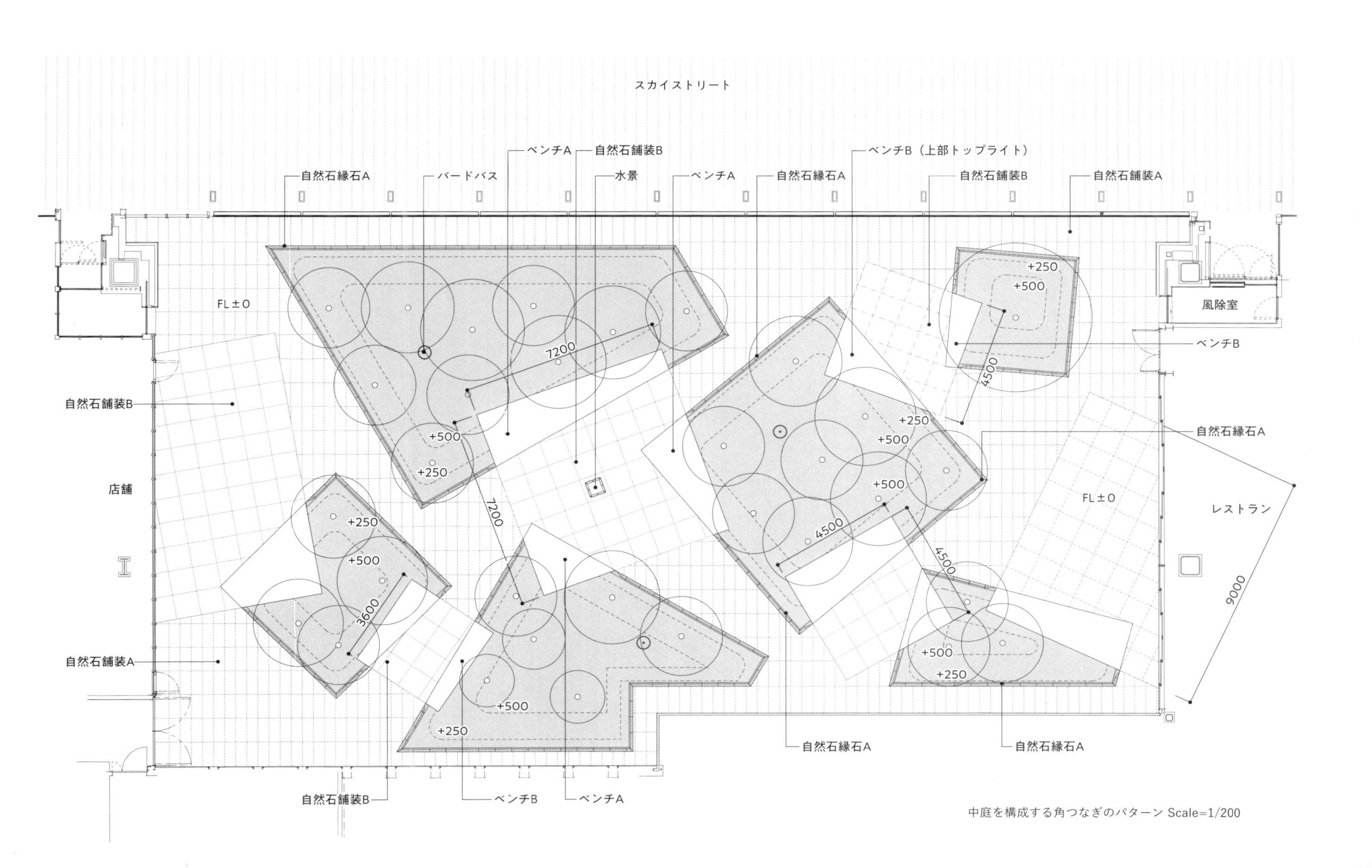

中庭を構成する角つなぎのパターン Scale=1/200

緑陰を映し出すベンチ

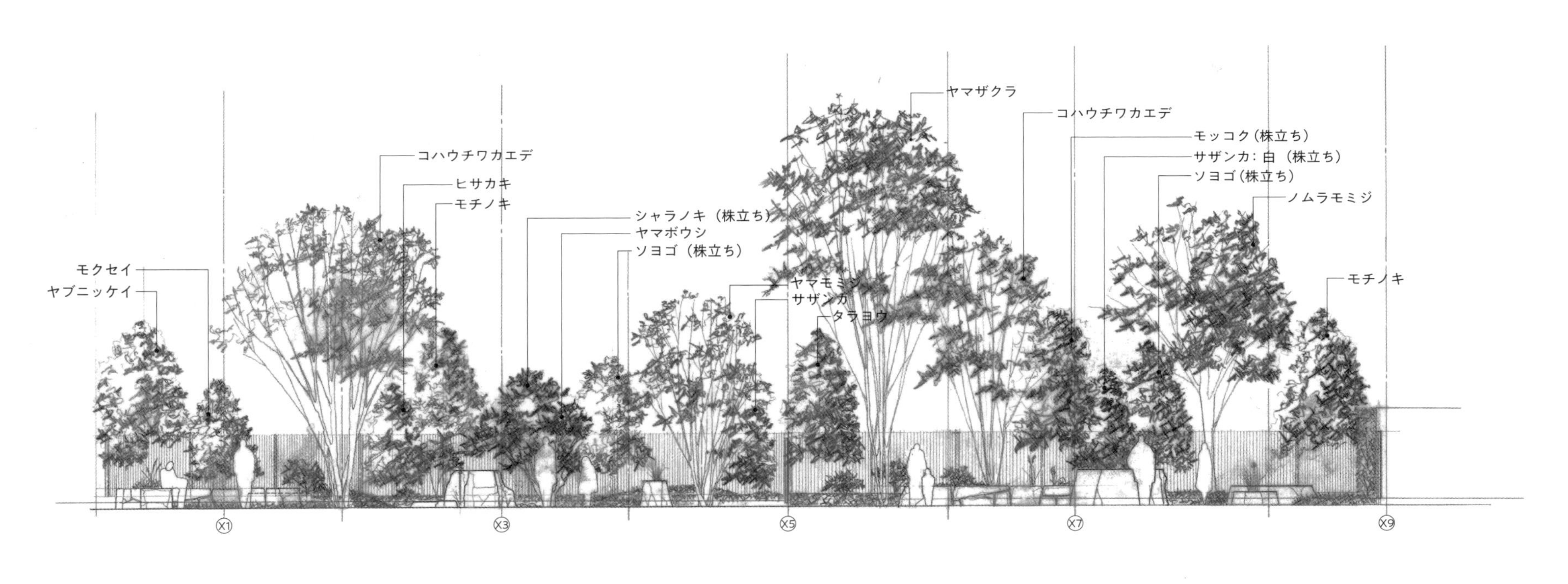

断面図 Scale=1/150

■ 氷川ガーデン｜うつろいを受け止める装置としての石

この場に固有の季節感を表現することをテーマとしたこのプロジェクトでは、東京に長期滞在する外国人を対象としたこの集合住宅の庭において、どのような季節であっても日本が感じられ、自然との対話が生まれる場であることを目指した。周辺には氷川神社の境内をはじめとして、江戸の歴史を感じさせる石垣や敷石など、多様で豊かな風景の断片が存在している。この多様性を増幅させるように、ここでも日本の風土や風景の表現として、豊富な種類の植物を用いている。また、植物の変化や気候の微妙なうつりかわりを受け止める装置として、野面石の石組みや丹波石の石敷きを設え、定型化した様式からではなく、多様な植物や石に映る季節のうつろいによって、日本の庭の本質を表現している。

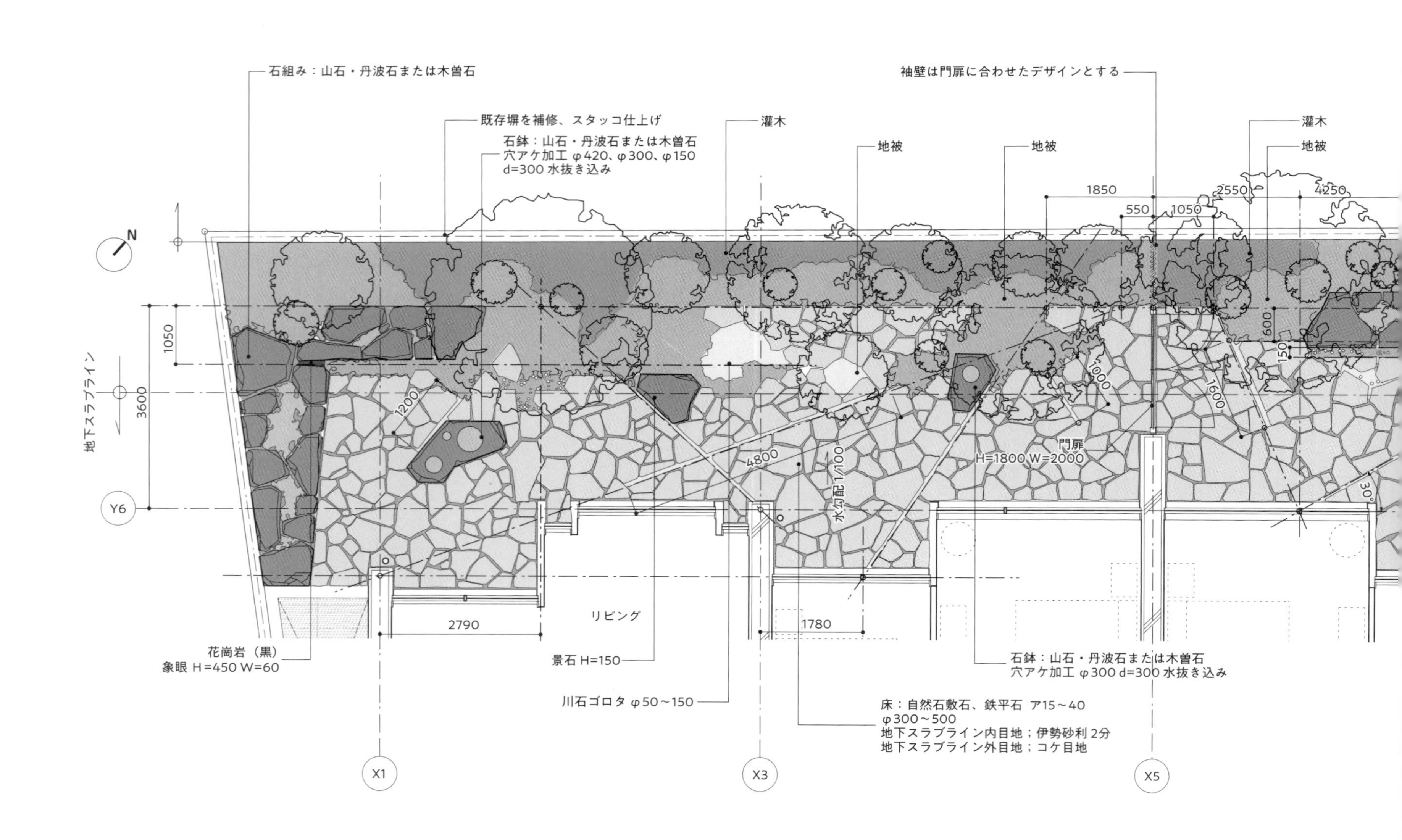
石組み：山石・丹波石または木曽石
既存塀を補修、スタッコ仕上げ
石鉢：山石・丹波石または木曽石
穴アケ加工 φ420、φ300、φ150
d=300 水抜き込み
灌木
地被
地被
袖壁は門扉に合わせたデザインとする
灌木
地被
1850
2550
4250
550
1050
N
1050
3600
地下スラブライン
Y6
1200
4800
水勾配 1/100
1000
1600
門扉
H=1800 W=2000
600
150
30°
リビング
2790
1780
花崗岩（黒）
象眼 H=450 W=60
景石 H=150
川石ゴロタ φ50～150
石鉢：山石・丹波石または木曽石
穴アケ加工 φ300 d=300 水抜き込み
床：自然石敷石、鉄平石 ア15～40
φ300～500
地下スラブライン内目地；伊勢砂利 2分
地下スラブライン外目地；コケ目地
X1
X3
X5

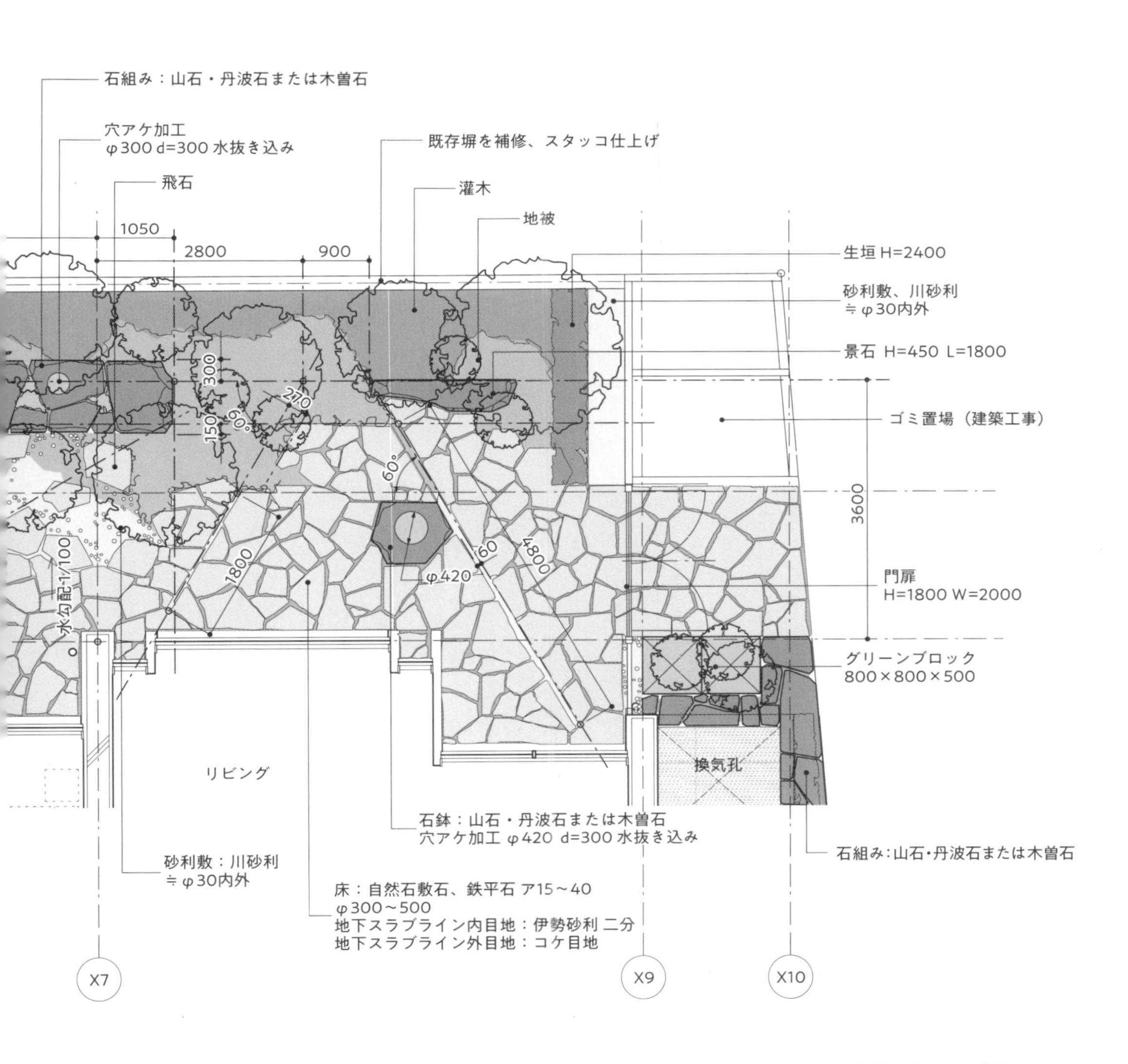

平面図 Scale=1/100

野面石の石積みとさまざまな種類の植物

上階からの見下ろしの視点　高木の枝葉と丹波石の石敷き

2.2 みどりを重ねる

植物としての緑は、それ自体の自律した存在のみが風景や環境の中で意味を発しているわけではない。非生命体であるさまざまな要素との重なりや組み合わせによって、みどりのより豊かな魅力が引き出されることがある。

ベンチの周囲に敷かれた川砂利により樹木の根茎を保護する

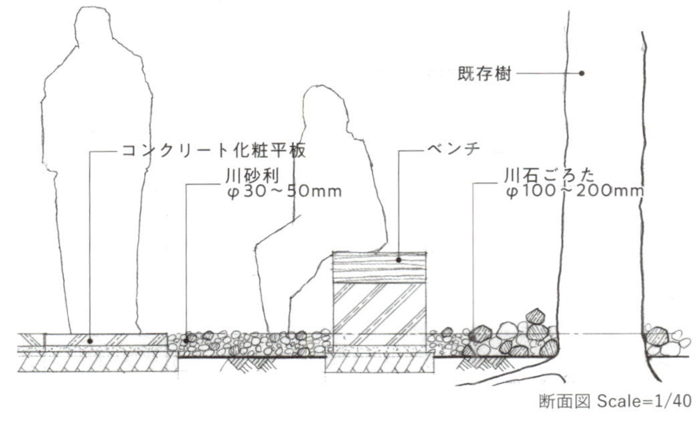

断面図 Scale=1/40

新植の樹林と川石ごろた

■ 城西大学｜既存を活かし、多様な動きを生み出す

建築の持つ南北軸のグリッドパターンに対してエントランスと敷地の南西部の丘を結び、敷地を対角線状に横断するランドスケープ軸を投入した。新たな軸と既存の建築によって生み出される三角形の隙間と既存のケヤキは魅力的な溜まりの場となり、既存樹と新たな動線の関係はキャンパスに新しい風景を生み出している。ケヤキの足下は川砂利敷きとし、最小限の園路とベンチをケヤキの根茎をできるだけ痛めないように配置してある。川砂利は人の入り込みを想定する部分には30mm～50mmのものを、その他の部分には川石ゴロタ（100mm～200mm）を敷き込んでいる。樹高20mを超えるケヤキの横には、樹高4mクラスのサルスベリ、ヤマザクラ、ヤマボウシを日照条件を考慮しながら新植し、彩りを重ねている。

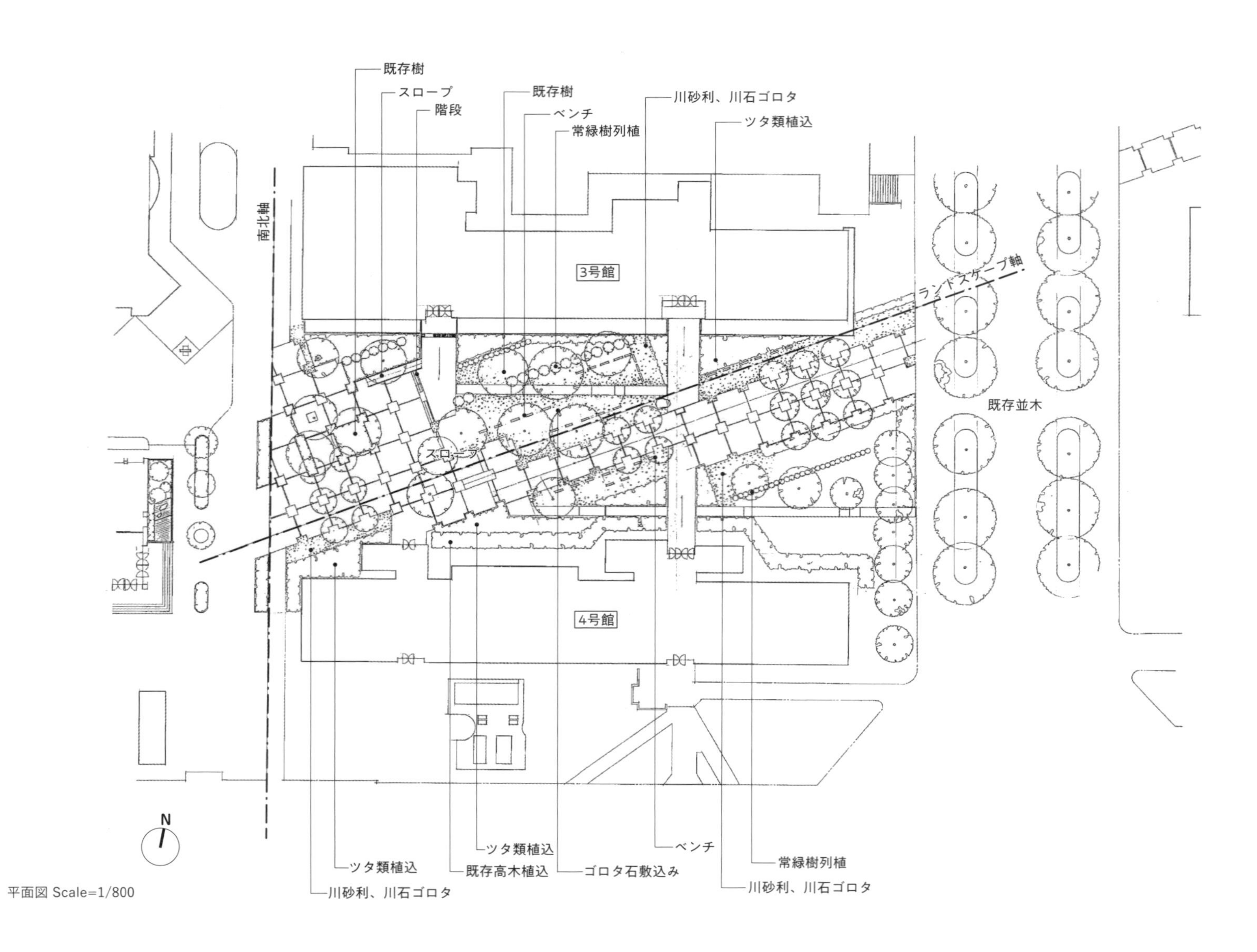

平面図 Scale=1/800

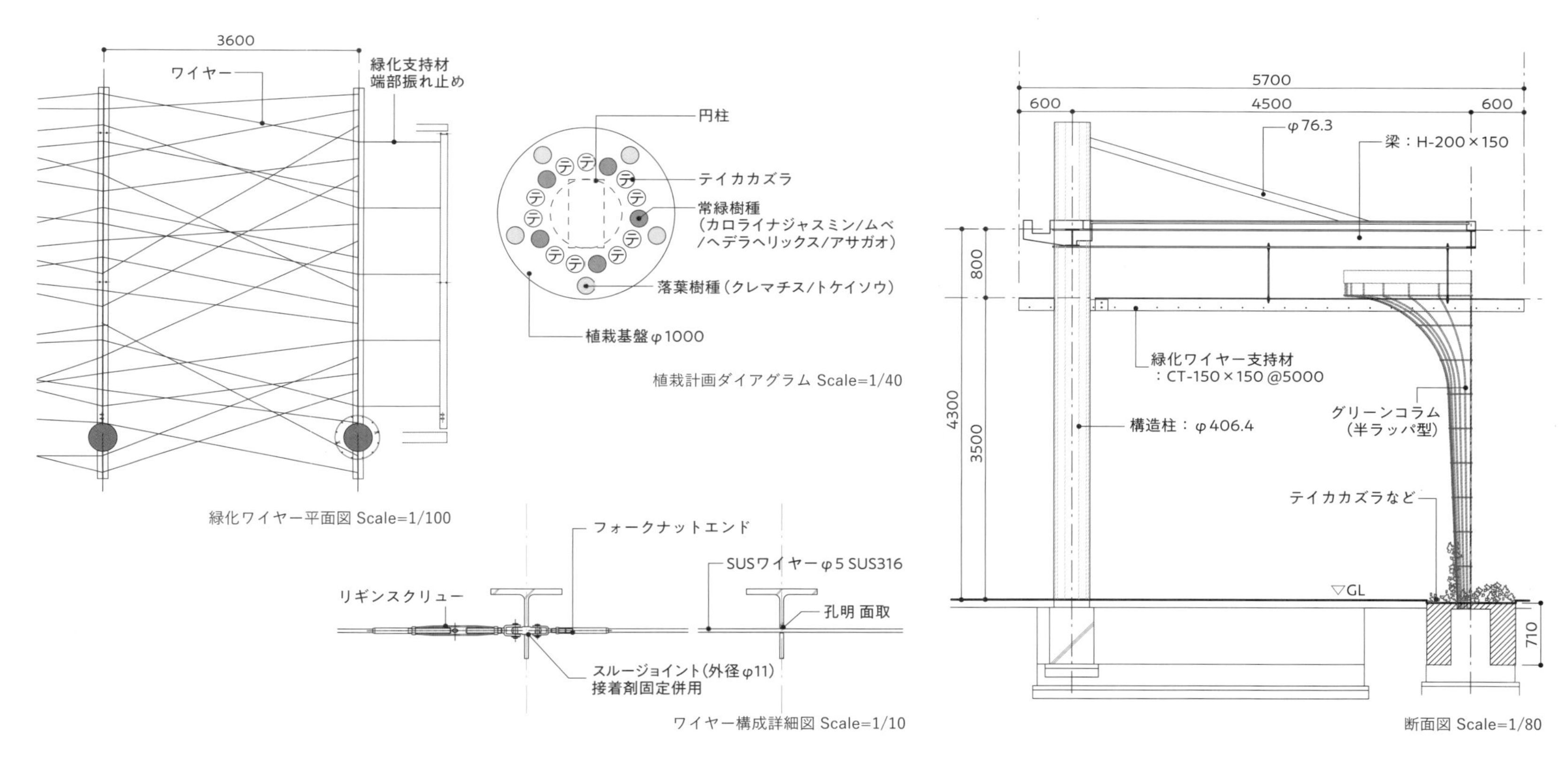

■ 豊洲三丁目3街区｜無機質な通路を潤す緑の天蓋

3つの街区に沿って続く歩行者空間に、機能性と快適性を確保するためのガラス屋根がついた全長275mの歩廊を計画した。ガラス屋根の下部にツル植物の登はんを誘引するワイヤーを設置し、雨天でも傘をささずに歩行できる快適な通路としての機能と、行政の緑化基準に則って要求される緑量の創出を両立している。張られたワイヤーは、竣工時にはあるパターンを持った姿となるように計画したが、現在では時を経て繁茂したツル植物がランダムな緑となって歩行者の頭上を浮遊している。晴天時にはそれが歩廊の床面に木漏れ日のような有機的な図像を映し出す。並行する緑地帯の並木や水景とともに、臨海埋立地の大規模な再開発で生み出される無機質な空間に、潤いをもたらすためのディテールデザインの一例である。

竣工時にはパターンを持ったワイヤーが姿を見せる

グリーンコラム（半ラッパ型）

繁茂したツル植物

2.3 いきものと共生する

生物多様性の保全、再生、創造に寄与するデザインは、生物種の移動や再生産、物質とエネルギーの循環を促進する。それが、人の営為を含む地域の生態系を刺激し、エコロジカルネットワークに活性をもたらす。

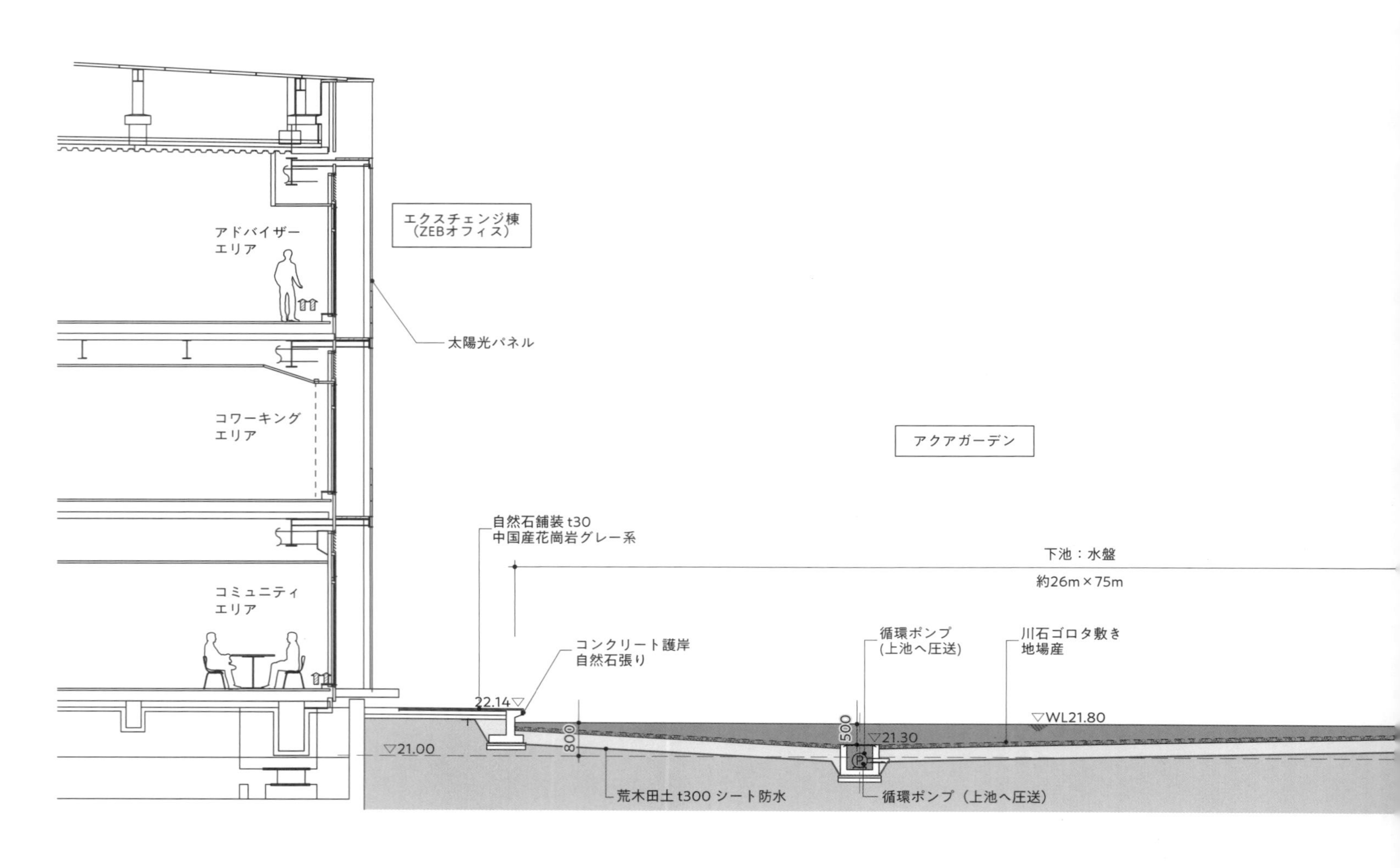

■ ICI総合センター｜エコロジカルな水循環システム

オープンイノベーションを謳う企業の技術研究所において、人を迎え入れる空間の背景となる水盤を、自然豊かな地域の環境に根ざしたエコロジカルな水循環システムによって整備した。水質の維持は薬剤や濾過器に頼ることが

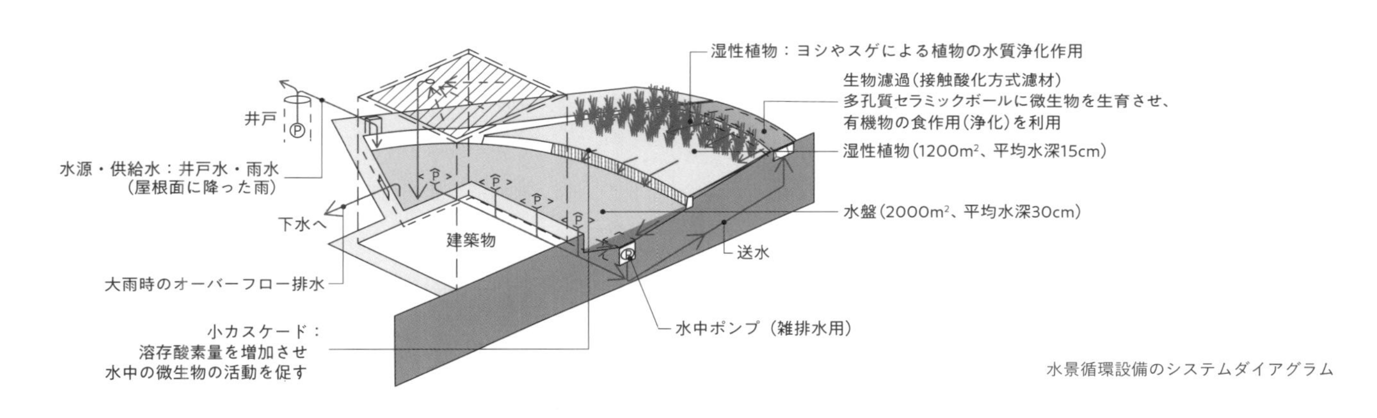

水景循環設備のシステムダイアグラム

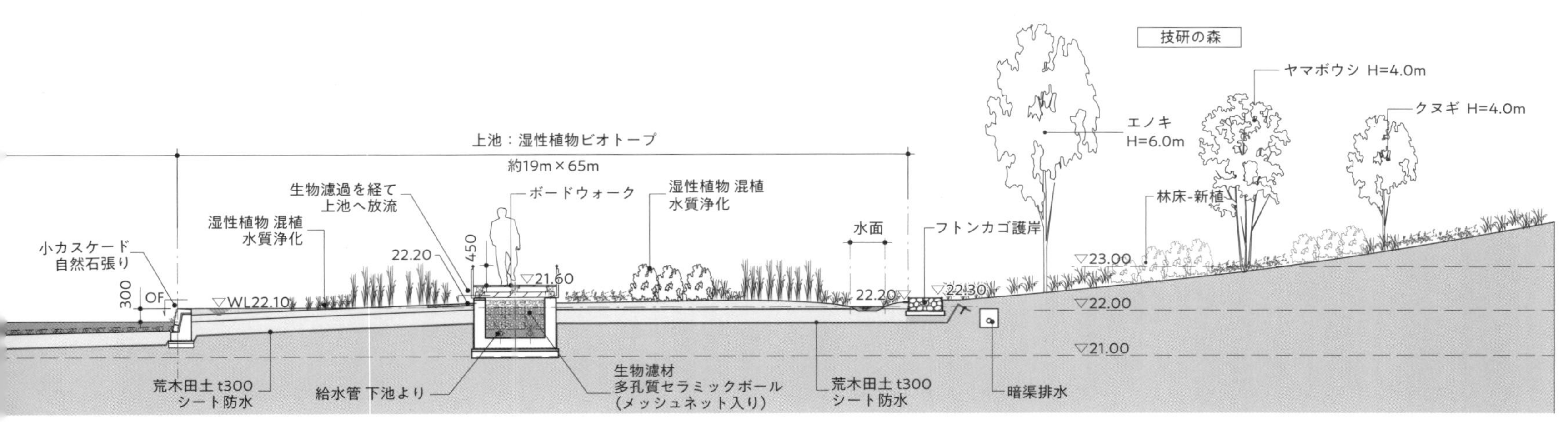

断面図 Scale=1/150

一般的であるが、ここでは生物と共生することを目的として、ヨシなどの湿性植物による水質浄化作用と、微生物の力を借りた生物濾過により、修景施設としての水質を維持することができている。微生物の住処となる濾材は、水盤を渡るボードウォークの下に収めることで、設備が見えないように配慮されている。また、水面の反射光を、建物壁面に設置された太陽光発電パネルを通じて電気エネルギーに変換することで、低炭素化にも貢献している。

ボードウォークから見た建築と水盤

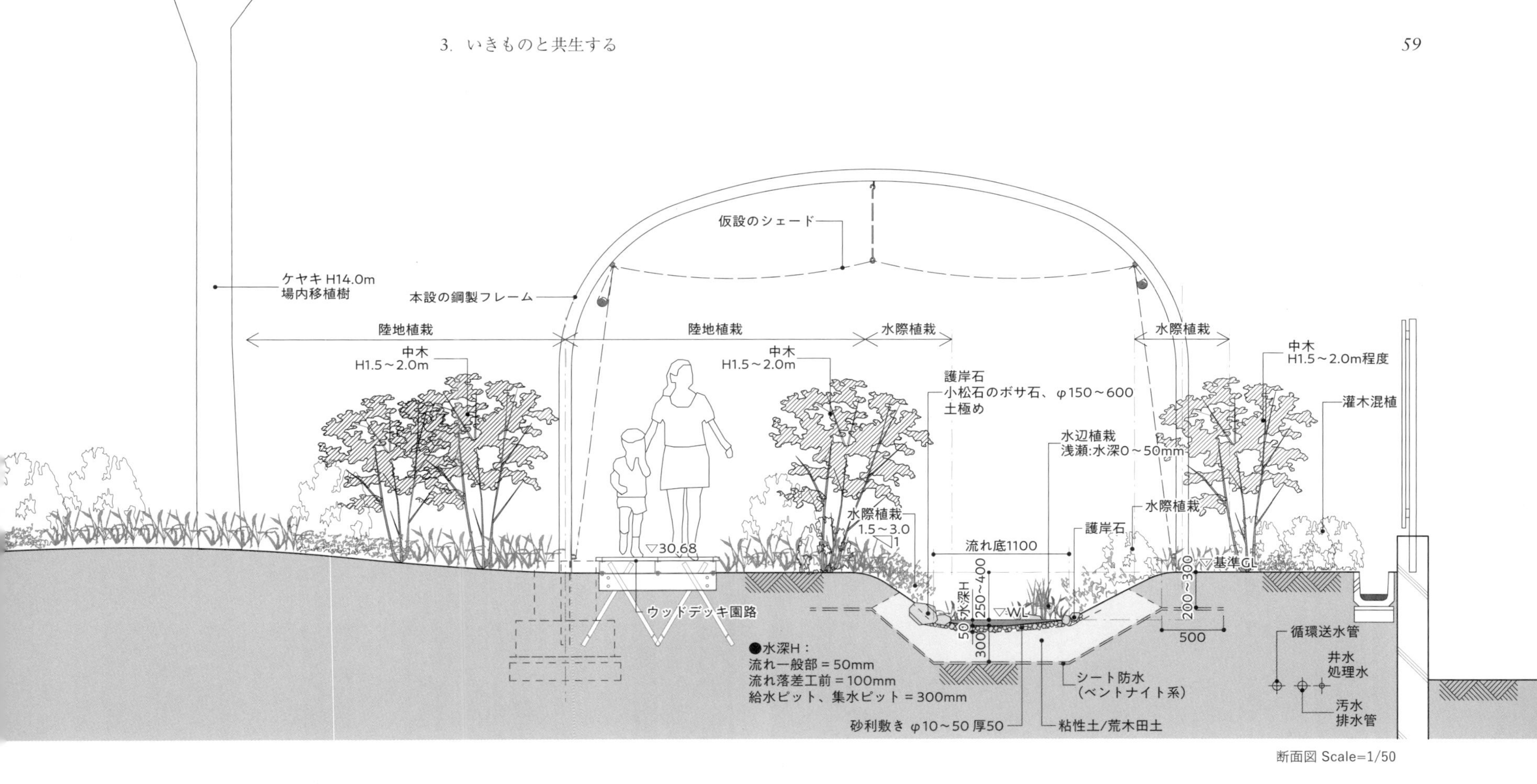

■ 東京ガーデンテラス紀尾井町｜アーバンスケール・ヒューマンスケール・ホタルスケール

皇居と赤坂御所に挟まれた立地は、都心におけるエコロジカルネットワークの保全と再生に寄与するポテンシャルを秘めている。本計画では、台地上にありながらも、外濠の水辺をたどって移動する生物たちの中継地としての、ビオトープの整備を試みた。特に、江戸時代より内濠の周辺に生息するホタルの遺伝子を保護するために、そのホタルが生育する環境を創出した。夏場にはホタルが飛翔する光環境の形成をめざして、本設の鋼製フレームに仮設のシェードが取り付けられる設えになっている。また、石組みには、江戸時代に築造された石垣と同じ小松石のボサ石を用いることで、生物のつながりのみならず、歴史のつながりをも意識したランドスケープを展開している。

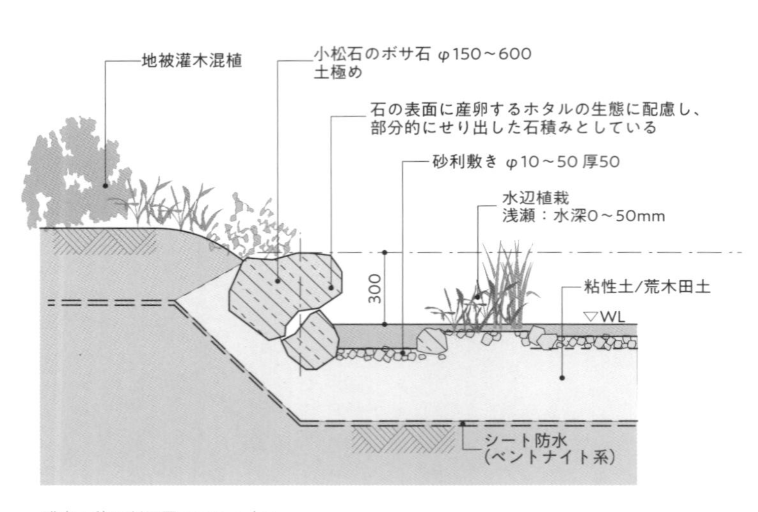

護岸石積み断面図 Scale=1/30

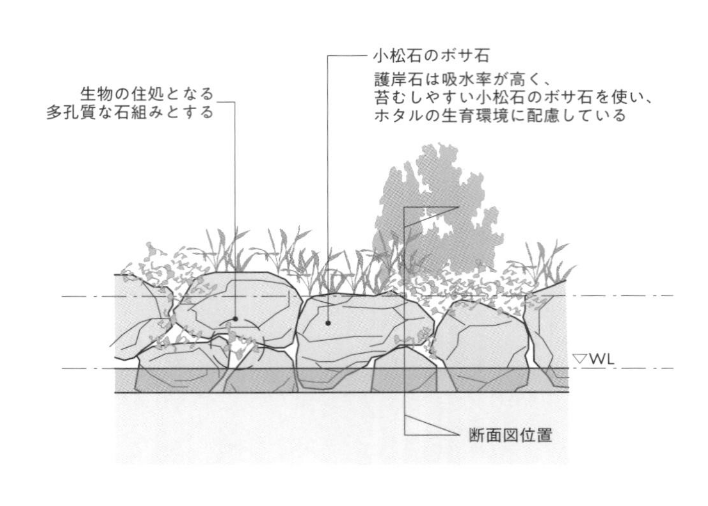

護岸石積み立面図 Scale=1/30

オフィス利用者によるホタルの放流時のようす

生物と歴史のつながりを意識したせせらぎ

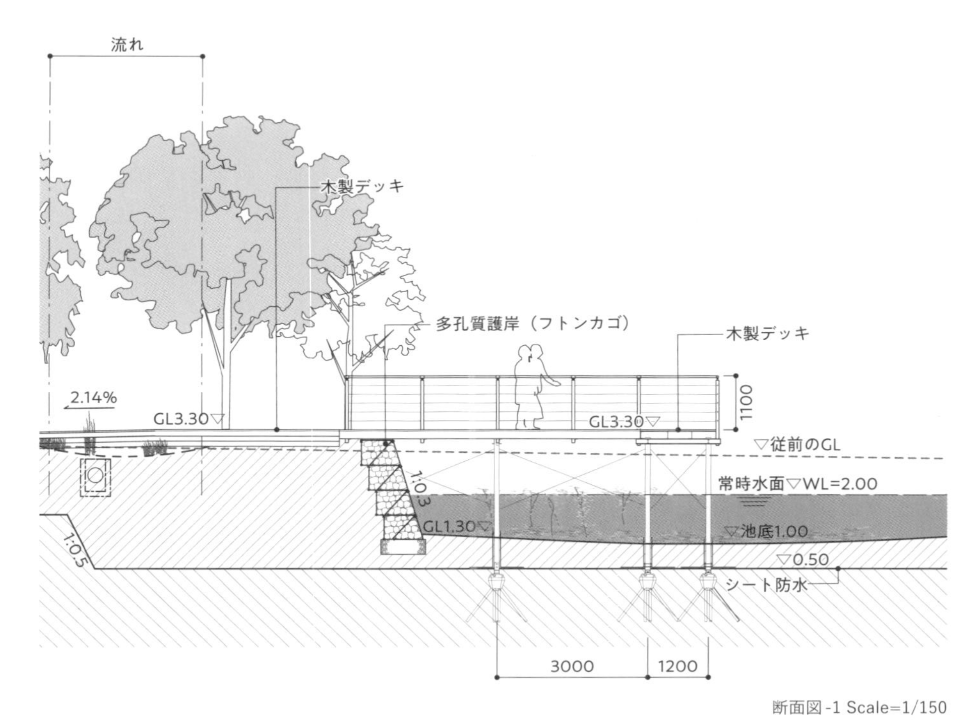

断面図-1 Scale=1/150

南北の海と山、東西の海岸線の生態回路をつなぐ水辺環境

市内で採取・育成された植物種で構成

■ シマノ下関工場 Intelligence Plant ｜工業と環境との接点、生き物のためのさまざまな場所

自転車部品工場の増築に伴い、敷地内の自然環境の再編を試みた。計画段階で実施した生態調査により、従前の排水貯留池が敷地周辺の山や川、海とエコロジカルなネットワークを形成していることが確認された。その成果に基づき、以下の3点に留意した整備を行っている。一つ目は、新たに植栽する植物種は、敷地内の抽水植物や高木を移植、もしくは周辺地域で採取した種子から育てた植物や山採りの樹木で構成し、遺伝子資源を継承すること。二つ目は、貯留池の護岸の勾配や水深をエリアによって異なるように設定し、多様な環境を実現すること。三つ目は、工場の従業員が多様な自然環境に接することができるように、散策路や休憩スペース、自転車の試走コースを設置していることである。

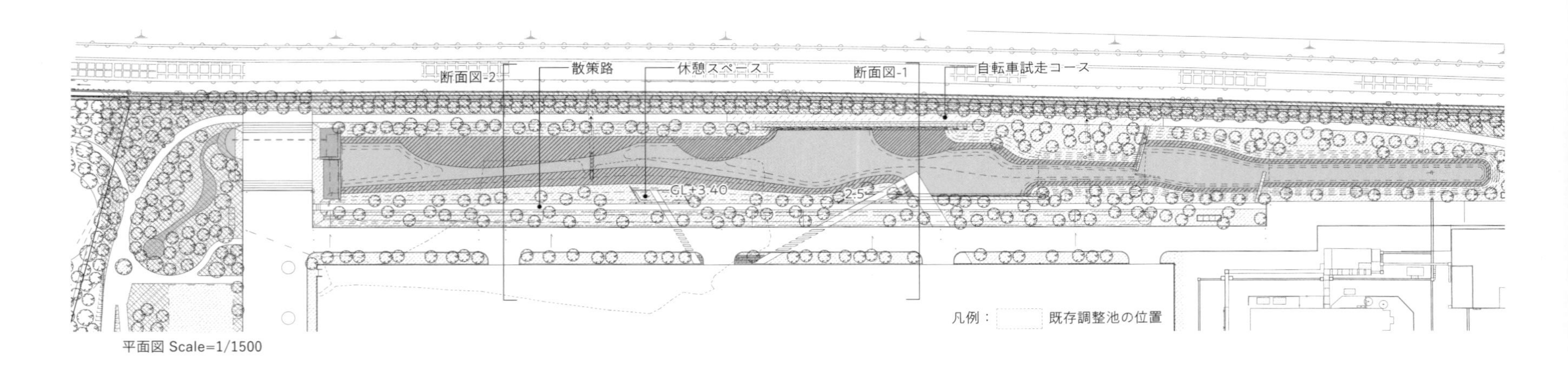

平面図 Scale=1/1500

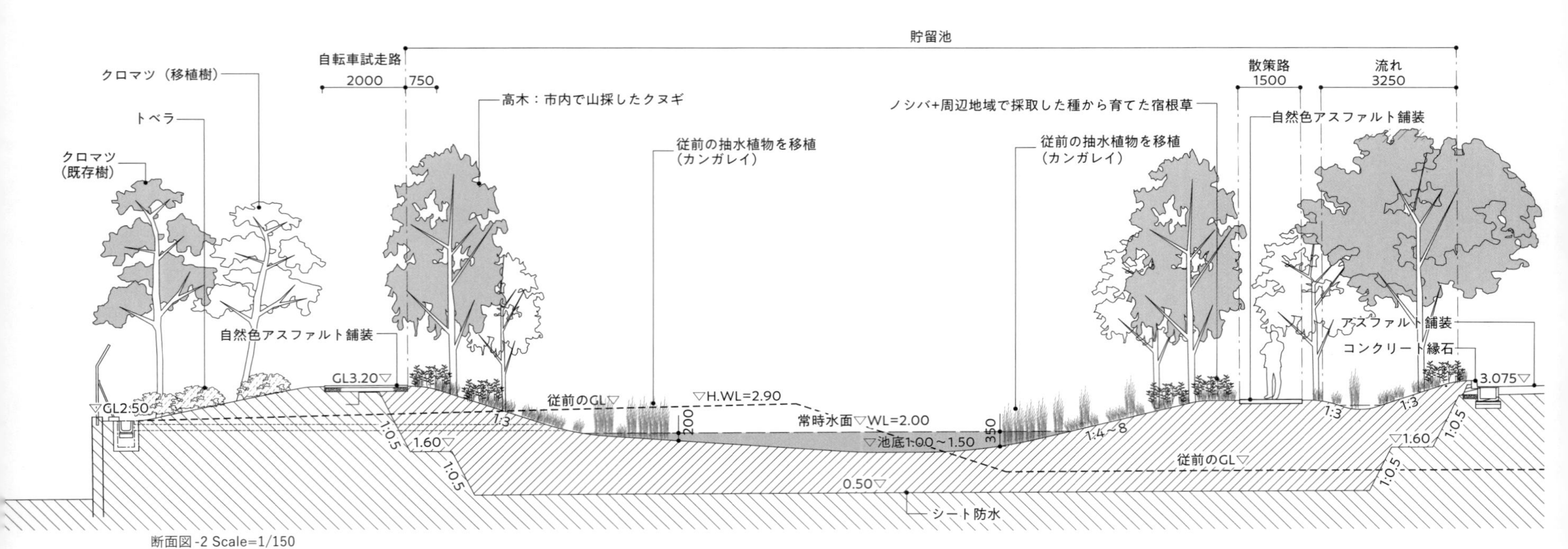

断面図-2 Scale=1/150

全長約300mの多様な水辺

column

HOTEL THE MITSUI KYOTO
偶発的に生まれる多様性

生物多様性の保全と再生が、ランドスケープデザインにおける重要な現代的課題の一つに挙げられるようになって久しい。この間、さまざまな要素技術の開発が進み、この課題への対応を第一義的な目的とした計画や設計の事例が蓄積されてきた。一方で、ランドスケープが土、水、植物を主たる構成要素としているかぎり、特にそのことを意図しなくとも、偶発的に生物多様性が発現することも十分に考えられる。ここに紹介する事例は、その最たるものであろう。

地域に在来の植物種を用いた植栽による豊かな緑と水面を有するホテルの庭園であるが、春先からここにカルガモのつがいが現れるようになった。どうやら、直線距離にして約200m程度のところにある二条城の濠から飛来するようになったようである。約二ヶ月後、ここで8羽の雛が孵化したことが確認された。大都市の中心市街地に立地する、けして規模が大きいとは言えない宿泊施設の中に人為的に設えた緑と水の環境のもとで、カモが営巣することなど設計の段階では思いもよらぬことであった。しかし、硬い石垣と隅々まであからさまな水面が広がる城郭の濠は、水鳥の営巣に適していないのであろうから、より安全な場所を求めてくることは必然だったかもしれない。

衆人環視のもとでも優雅に池を泳ぎ、植え込みを駆け抜けるカモの親子の愛らしい姿は、訪れた人々のみならず、ホテルの従業員にもやすらぎを与えていた。わずかな期間ではあったが、はからずも、この庭園にさらなる風情をもたらしてくれた。おそらく、来年もまたやってくるであろうから、受け入れる側の準備も万全であってほしいものである。

元離宮二条城に隣接した計画地

春先に確認されたカルガモのつがい

約二ヶ月後に確認された雛

3章

いき続けること

Sustainability

3.1 豊かな下地を整える

ランドスケープは、自然と人の営みの相互関係が土地の上に表象されたものである。土地はその下地そのものであり、そこに豊かな環境が整えられてこそ、自然にはたらきかける人の営みが持続可能な風景を紡ぎ出す。

夏の中庭

根鉢上部の割ぐり石と近隣の雑木林から分けてもらった落葉を用いたマルチング

■ 早稲田大学本庄高等学院 梓寮｜中庭に風景が顕れること

幅 12m× 奥行 22m× 高さ 13m の直方体のボイドである中庭の中央には、木製のブリッジが海に突き出す桟橋のように雑木林に差し込まれている。座るための装置である角材は、さまざまな角度で伸び上がる雑木の縦ラインに対して、水平線を強調し自然と人工を対比させている。これらは森の中に佇みながら匂いや湿り気、風などの自然の変化を楽しむための仕組みである。雨水の処理については、建物際に割ぐり石と単粒度砕石による排水側溝（W=400 ～ 1,100m）を設けて土中還元をはかった。また、空気が澱むことのない環境を整えるため、中庭を起点とする一方向の給排気ルートを確保した。これにより、植物の環境調整機能を活かしたランドスケープと建築の一体的計画を実現している。

レインガーデンとなる川石ゴロタ敷と園路

1150
900
透水シート
川石ゴロタ敷 φ50~150
400
400
下草
スツール 300×300×400
540
100
飛石 300×900×60
コンクリート平板
高密度ポリエチレン製有孔管単粒度砕石 4号
540
100
400

レインガーデン及び浸透及び排水側溝断面図 Scale=1/40

高木 H2.5~8.0 常落混交
浸透及び
排水側溝 W450
灌木及び
地被混植
ベンチ
デッキ 1FL+400
飛石
300×900×60
コンクリート平板
中庭階段
1FL-50
レインガーデン/下草芝
スツール 300×300×400

中庭平面図 Scale=1/200

中庭から建築への風の流れ

中庭と建築の風の流れ

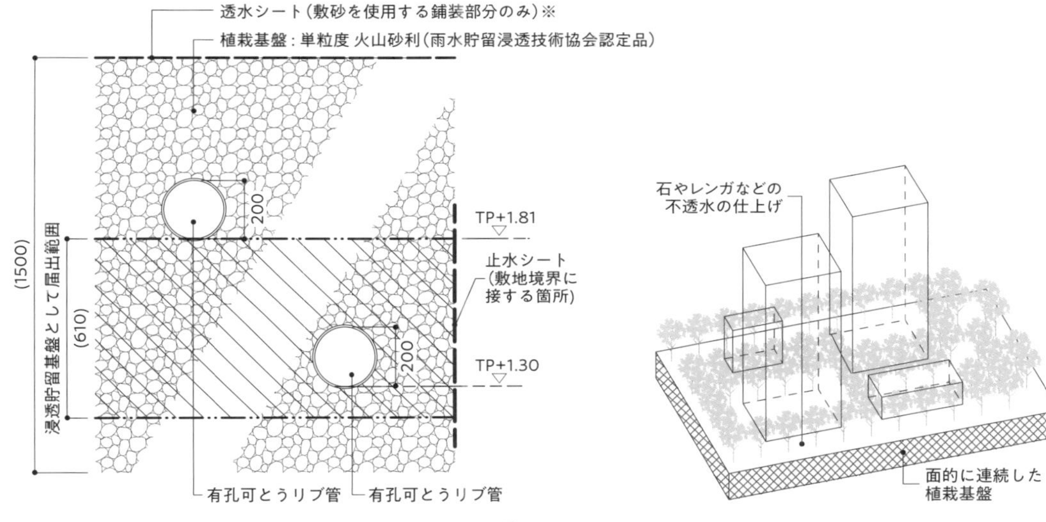

※ 透水シートは舗装の敷砂が流入する可能性のある範囲において敷設する。
それ以外の舗装範囲は原則、コンクリート土間・密粒度アスファルト舗装を
施工するため、シートは敷設しない。

断面図 Scale=1/20

植物の健全な生育を支えるための基盤

■ ムスブ田町|雨水を介して呼吸する高機能な環境基盤

都市に新たに創出される緑地では、植物の健全な生育を支えるための環境基盤のデザインが重要である。ここでは、地下施設や埋設配管など土中に存在する人工物の広がりの上部に、永続性のある緑の環境を創出する植栽基盤をつくった。 舗装下にまで広がる植栽基盤と、その中に張り巡らせた雨水流入管とオーバーフロー管のネットワークにより、広い根系誘導範囲の確保、灌水と雨水に溶け込んだ酸素の供給、雨水の力による土粒子間の空気の動きの発生などを意図した。自治体の雨水流出抑制施設設置ガイドラインに対してもこのディテールで届出を行っており、植栽基盤・雨水流出抑制・地下水涵養・路床という複数の機能を併せ持った基盤である。

植栽基盤の上部の石舗装・レンガ舗装・ベンチのようす

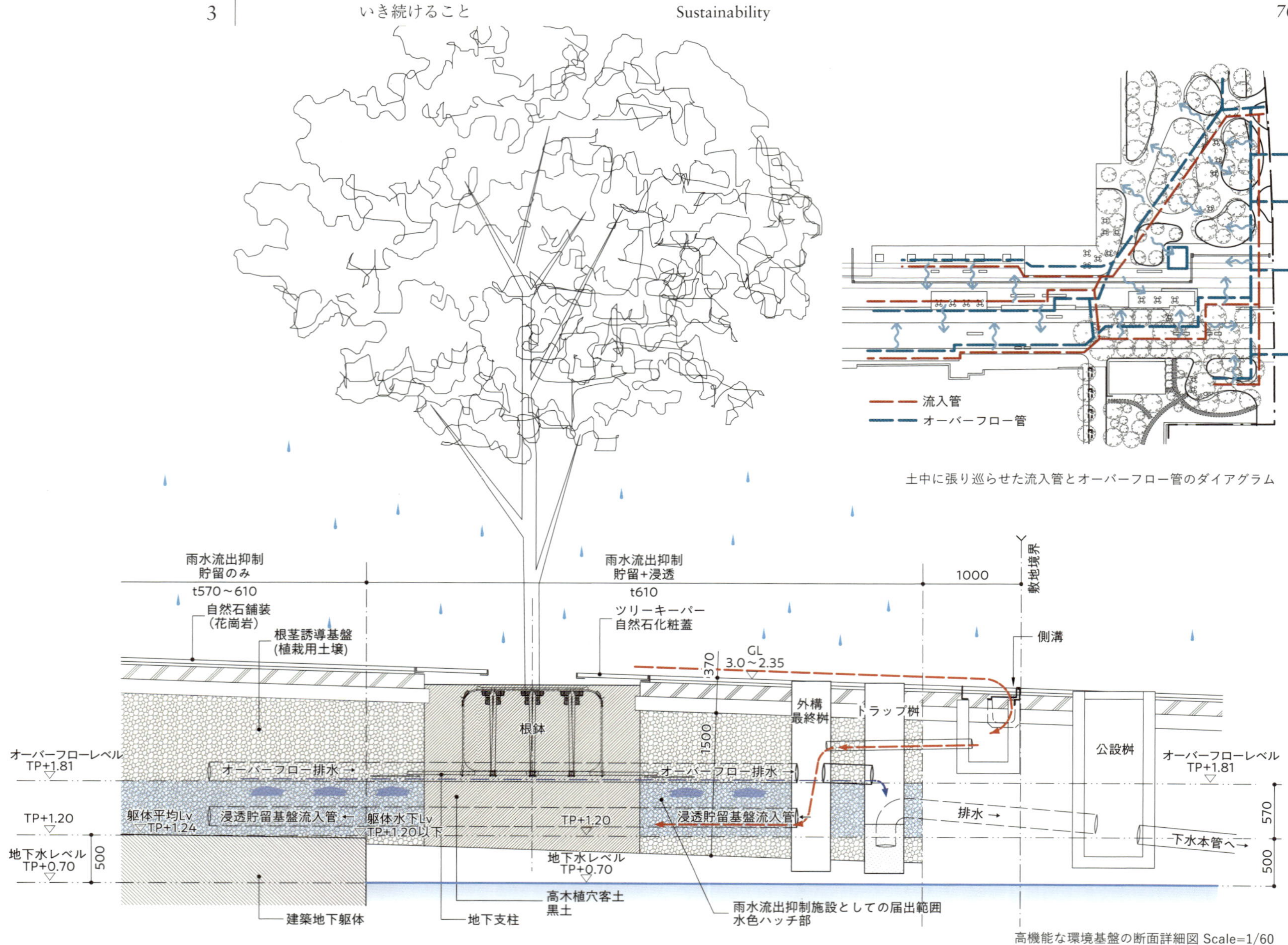

土中に張り巡らせた流入管とオーバーフロー管のダイアグラム

高機能な環境基盤の断面詳細図 Scale=1/60

青空の下寝そべることのできるファニチャー

屋上全面に用意された植栽基盤によって地域の緑地となる

■ リズモ大泉学園 大泉学園駅北口地区第一種市街地再開発事業｜屋上に人とみどりの居場所をつくる

建築ボリュームの低層部を人工的な「丘」と捉え、私鉄沿線の駅周辺に充実した緑の環境を創出するとともに、その中に佇むことのできる場を用意した。丘の頂上となる低層棟の屋上には、全面に深さ約500mmの植栽基盤を確保し、良好な高木の生長環境を整えることによって、単なる緑化ではなく持続可能な緑地の実現を目指している。そこに高木群を配置した上で900mmモジュールのデッキ材による床面を樹間を縫うように形成し、さらに木製のベンチや椅子、テーブルなどで身近に緑と接する場も提供している。また、丘の裾にあたる街路沿いには、街並みとつながる縁側のような空間を多様な樹種の植栽によって整え、接道する店舗でも緑を感じながらくつろげる設えとした。

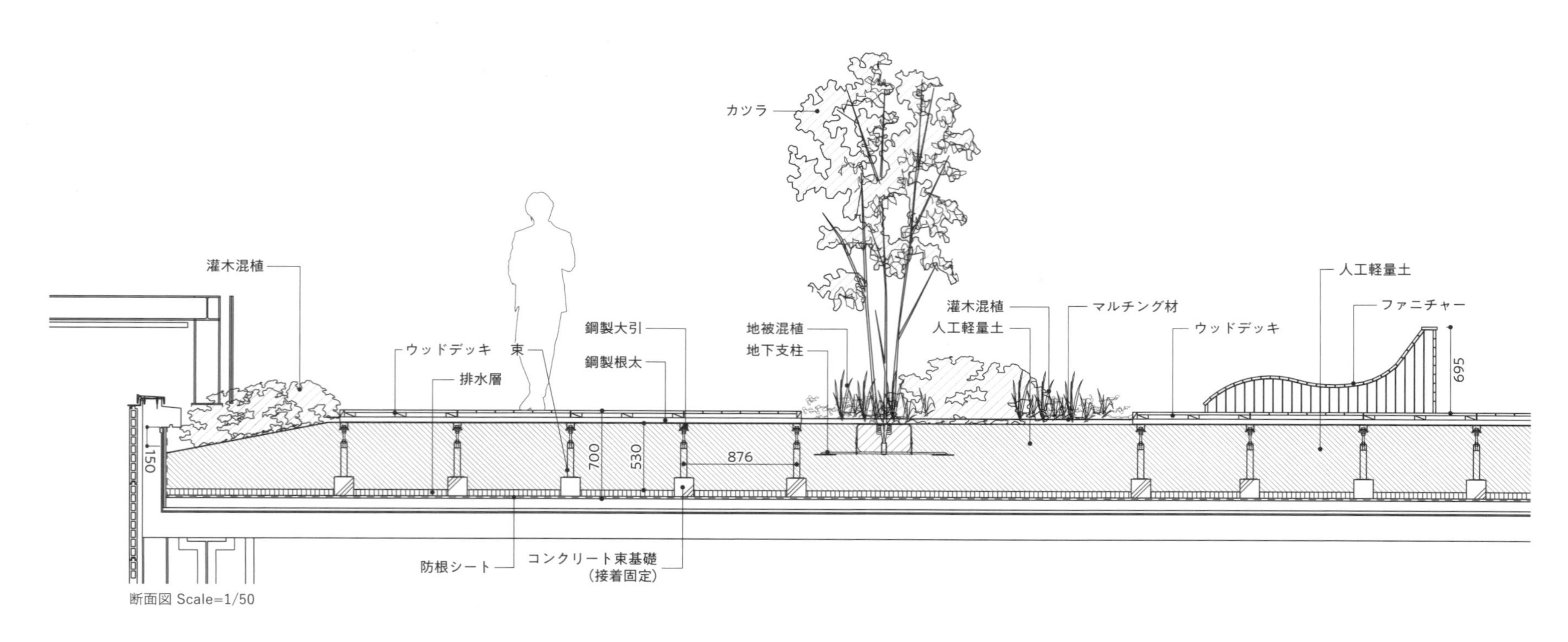

断面図 Scale=1/50

緑につつまれた居心地のよい場所

座っても立っても利用できるカウンター

テーブルの設置により昼食時などにも利用される

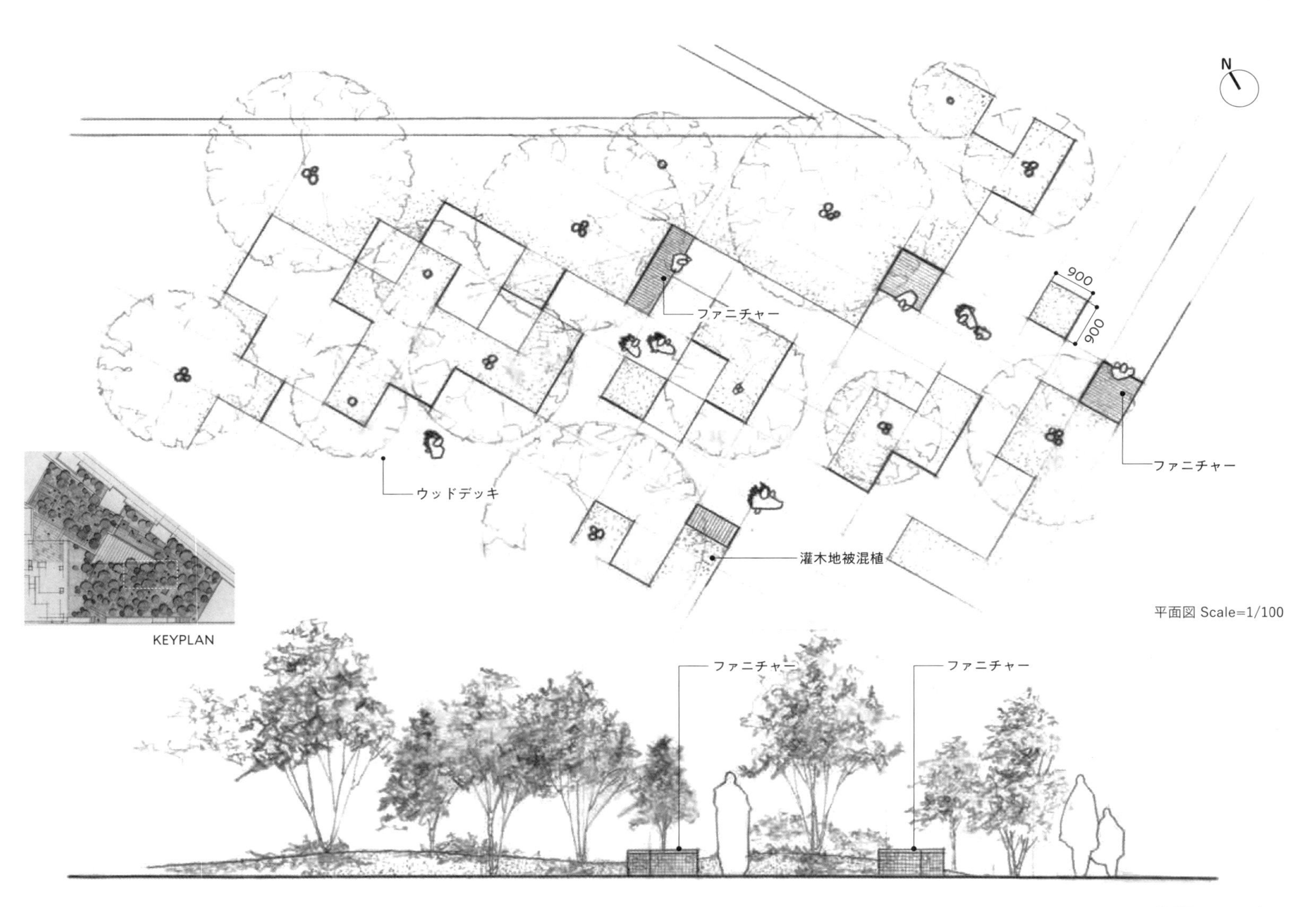
N
900
900
ファニチャー
ファニチャー
ウッドデッキ
灌木地被混植
KEYPLAN
平面図 Scale=1/100
ファニチャー
ファニチャー
立面図 Scale=1/100

3.2 コンテクストとつながる

土地のコンテクスト＝地脈とのつながりは、その場所がそこであり続けることを支えるしくみである。そのしくみをどのような要素と構成によって空間に具現するかによって、その場所に固有の持続可能性が発現する。

丸みをおびた柔らかな土羽のエッジ

■ 式年遷宮記念せんぐう館｜周辺環境と同化する

式年遷宮は、自然からもたらされる再生可能な素材を用い、1300年以上にわたって連綿と続けられ､究極のサスティナビリティを体現する営みである。これは、その伝統的な営みを社会に発信するミュージアムのランドスケープであり、周辺の自然環境と同化することが最も重視された。建築の前景をなす水面の広がりと、そのイメージを支配する護岸のディテールを生み出すため、水田の畦道のように丸みをおびた柔らかな土羽のエッジと、目地を大きくとったルーズな石積みを採用した。そこにその地域で採取された在来草本の種子から栽培した地被植物のポット苗を植栽している。水面から護岸を介して神域の樹林へとシームレスにつながる植生の相観が立ち現れている。

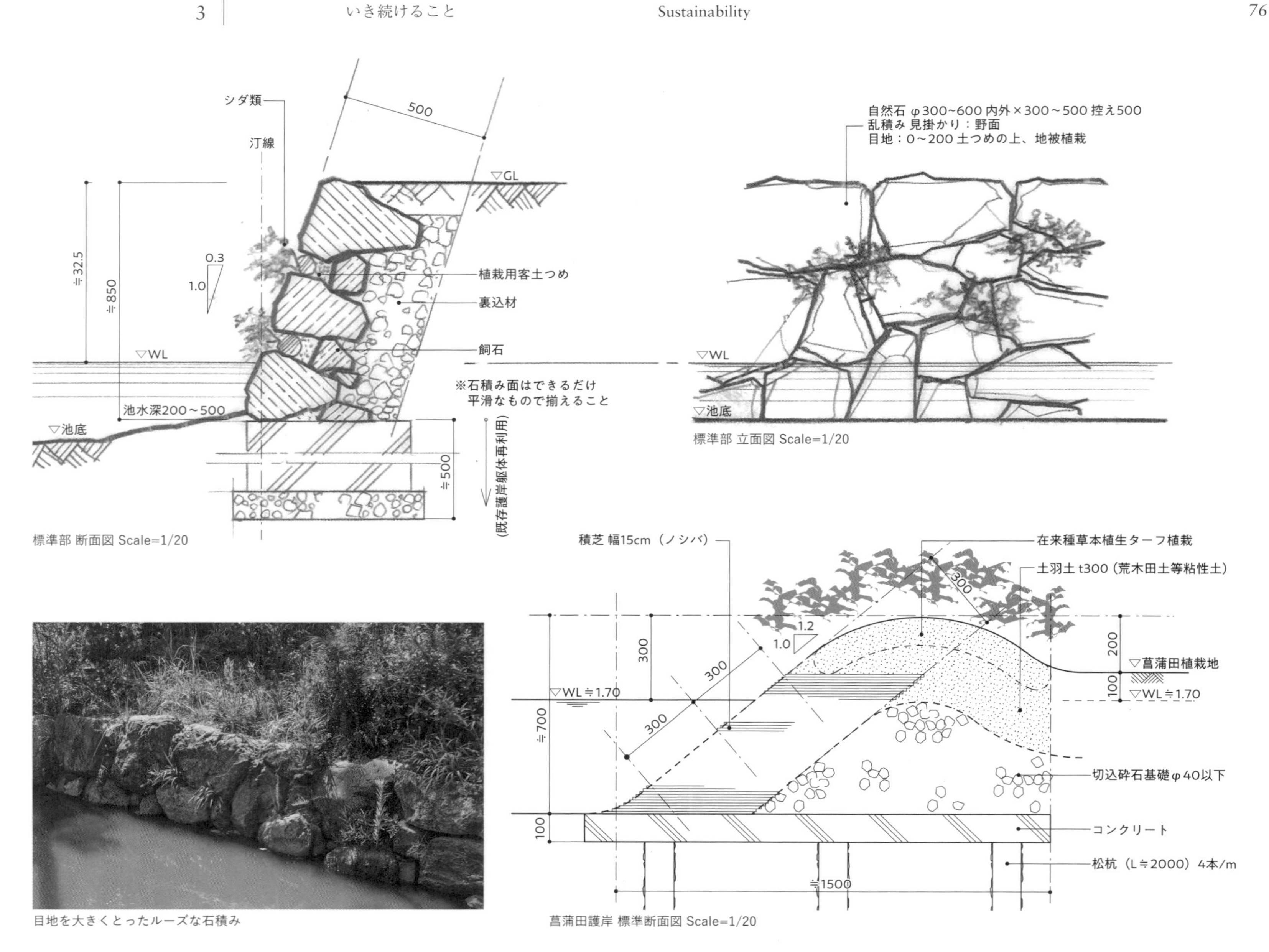

標準部 断面図 Scale=1/20

標準部 立面図 Scale=1/20

目地を大きくとったルーズな石積み

菖蒲田護岸 標準断面図 Scale=1/20

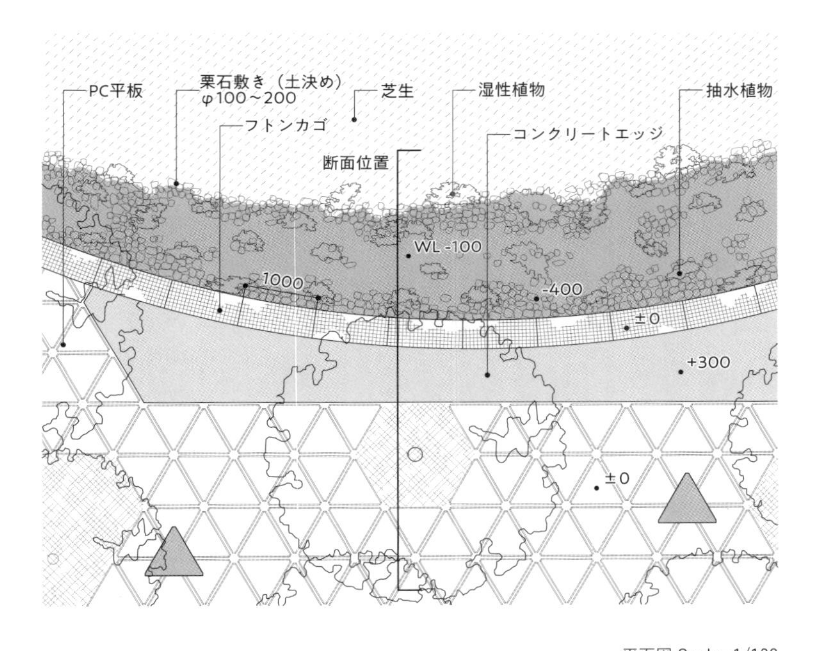

平面図 Scale=1/100

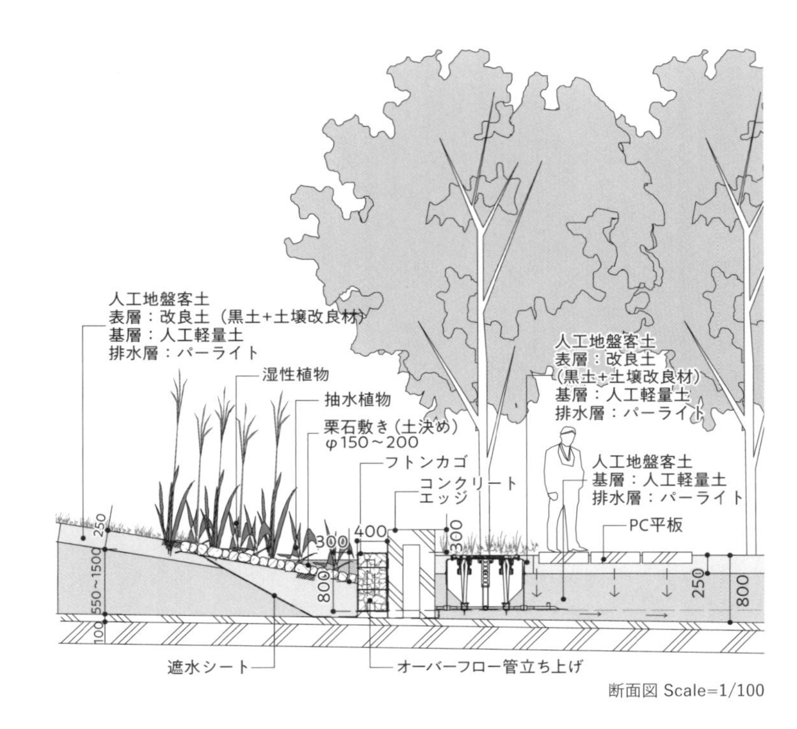

断面図 Scale=1/100

■ 早稲田大学 37 号館 早稲田アリーナ｜第二の大地

高木の自由な植栽と良好な生長を目指し、植栽基盤は800mm～2,300mmの深さで、ほぼ屋上全域に広く確保されている。落ち葉が堆肥として土壌に還元されることによる地力の維持や、実生による植生の更新など、物質循環の仕組みを取り入れている。空気が巡り、雨水がしみ込み、植物の生育にも、人の生活にも優しい床である。このディテールは、平坦面との不陸を許す基盤のシステムであり、緩やかな起伏をも表現できる。また、踏圧による地被植物の傷みを軽減するため、正三角形で厚さ90mmの透水性平板は幅30mmの目地の両側のエッジに20mm×10mmのテーパーがつけてある。目地の地被は高木の植栽基盤と連続し、人工と自然が重なりあうハイブリッドな床になる。限られた敷地でも多様な植物相が発現するように、芝生の周囲には部分的に不透水層を設けることで、雨水が滞水し、一部に湿地のような状態が現れることを意図した。ガマやセキショウ、カキツバタなどの抽水植物やスイレンのような水生植物が生育できる環境である。人工地盤上に降り注いだ雨は、舗装面の目地や芝生を通して植栽基盤の最下層に滲み込み、オーバーフローした水は砂利の敷き込まれた溝に流れていく。

多様な学生のアクティビティを受け止める「戸山の丘」

正三角形の透水性平板で覆われた樹下空間

芝生、湿地、舗装面のつながり

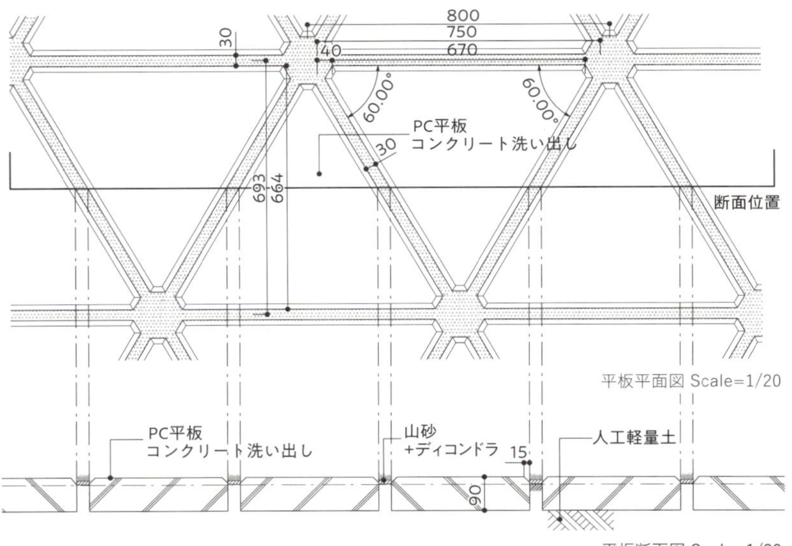

平板断面図 Scale=1/20

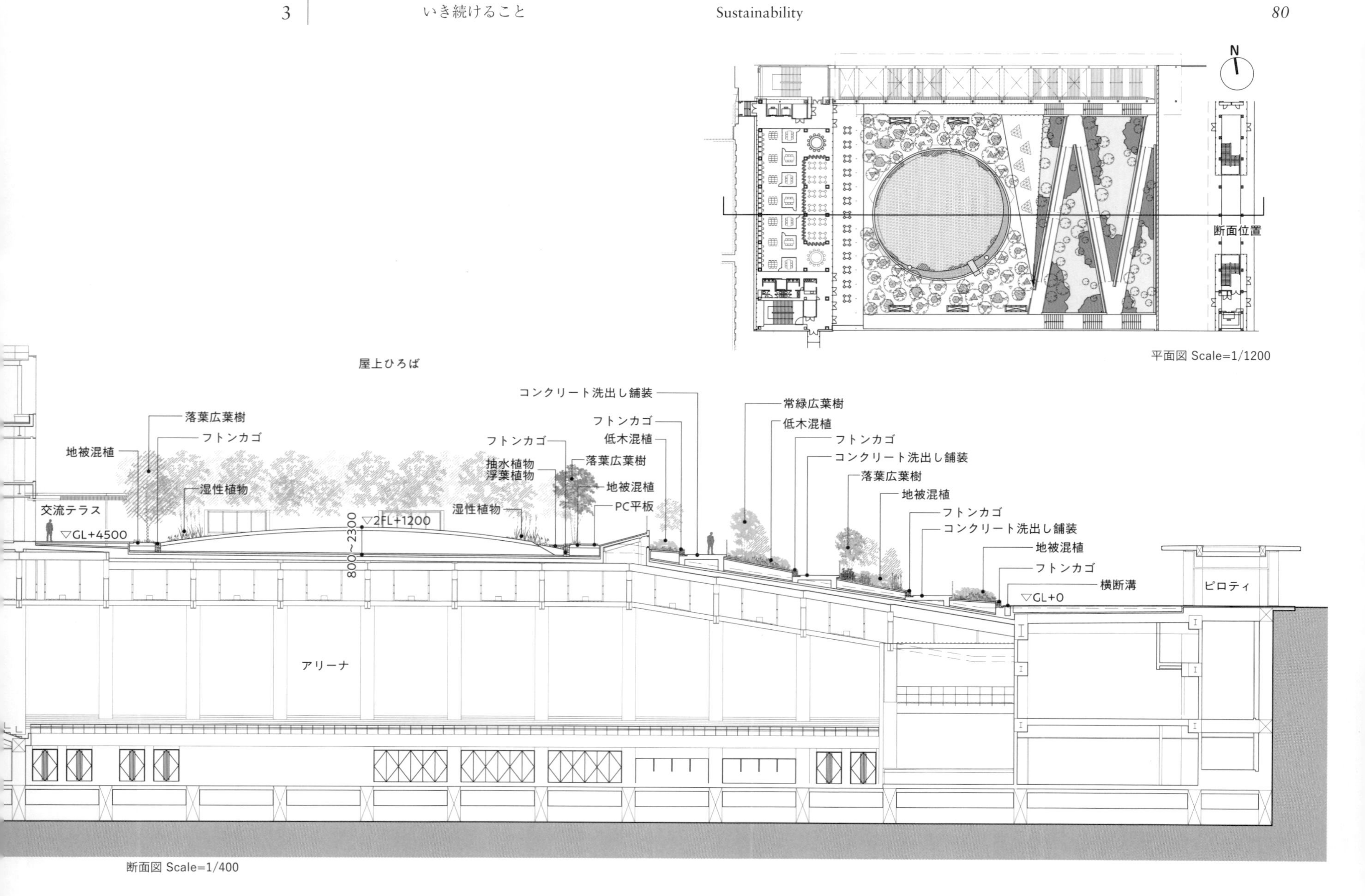

断面図 Scale=1/400

歩廊に沿って続く水桟敷

住戸と水桟敷

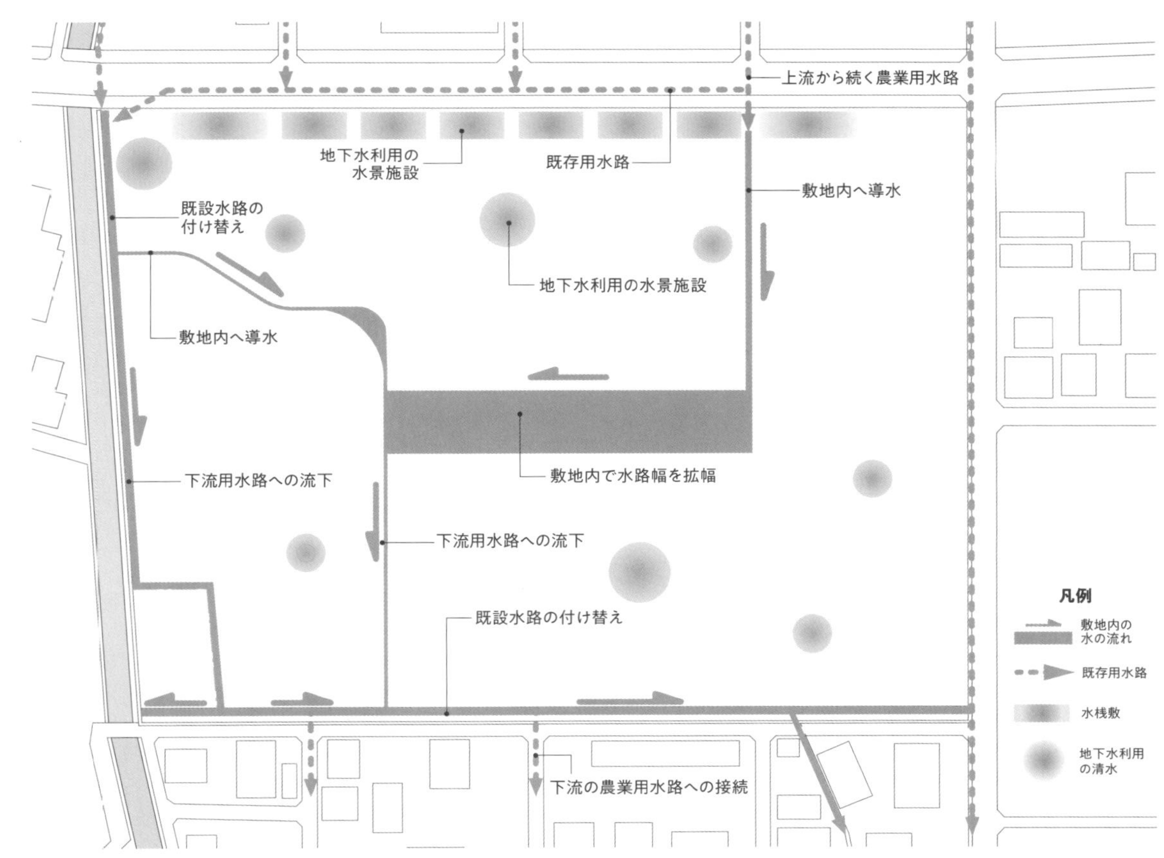

敷地外から連続する水の流れ

■ パッシブタウン 黒部 | 自然環境と一体になる住環境デザイン

敷地がある黒部川扇状地では、地上部に農業用灌漑水路のネットワークが張り巡らされ、地下には扇状地特有の伏流水が豊かな帯水層をもたらしている。ここでは、異なるタイプの水資源をいかす水景のデザインを徹頭徹尾追求している。その一つは、東側の歩廊に沿って幅1〜1.5mの水桟敷が全長約200mにわたり断続的に続くものである。この水景ではモール側の細長いスリットから地下水が線状に20分間隔で湧出し、テクスチャーのある石材の舗装面に水の被膜をつくりあげる。水は歩道側に向かってゆっくりと流れ、同じくスリット状にしつらえたグレーチングから側溝に流下するが、その際に発生する水音は、薄い水膜の動きとともに、みちゆく人に爽やかな涼感を与えてくれる。

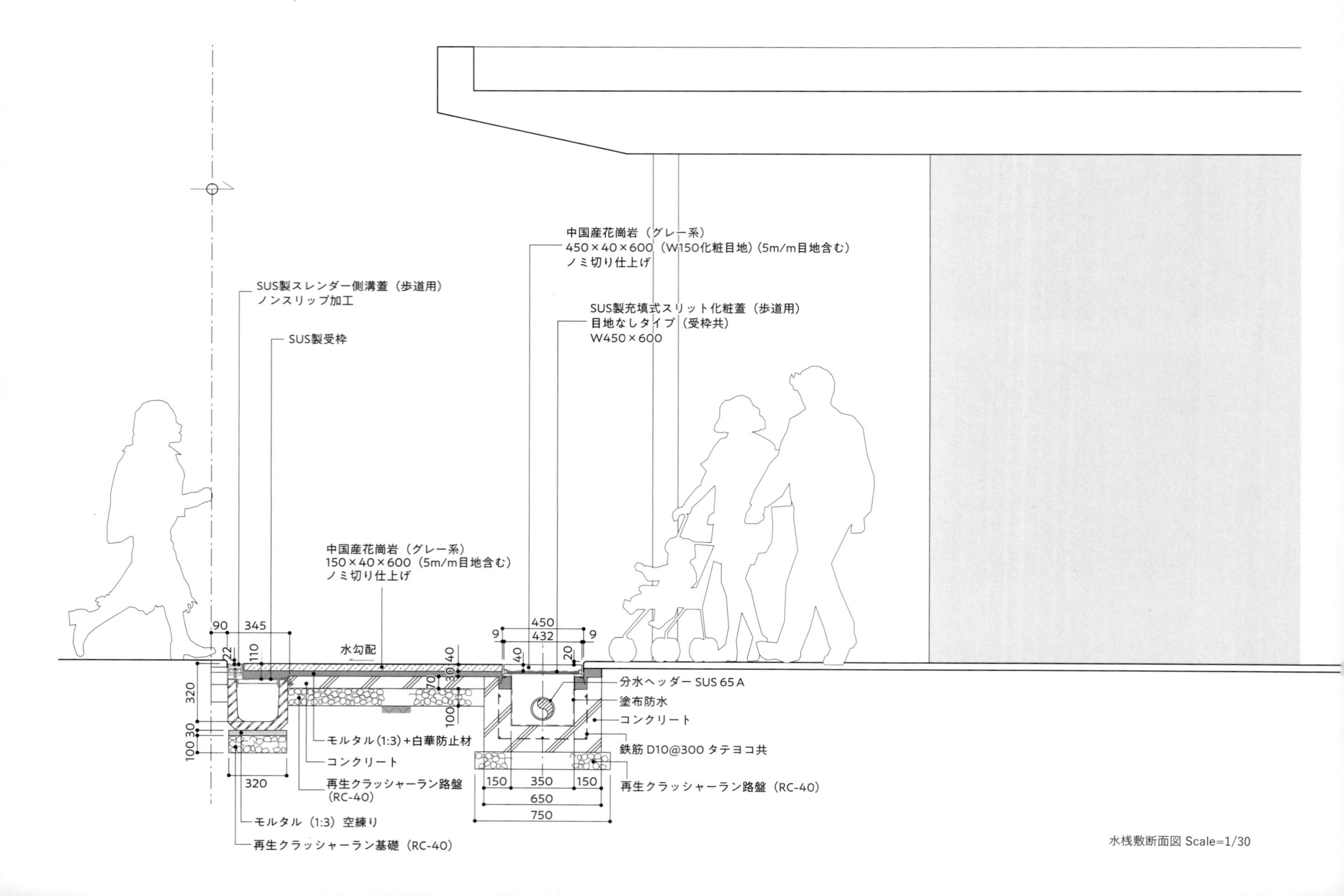

水桟敷断面図 Scale=1/30

3.3 自然なふるまいを促す

空間を構成するさまざまな要素のかたちや寸法、素材感などの組み合わせは、特別な意味と価値を伴って人の行動を促すことがある。人の自然なふるまいを通じて空間が使われ続けることが、持続可能な場所につながる。

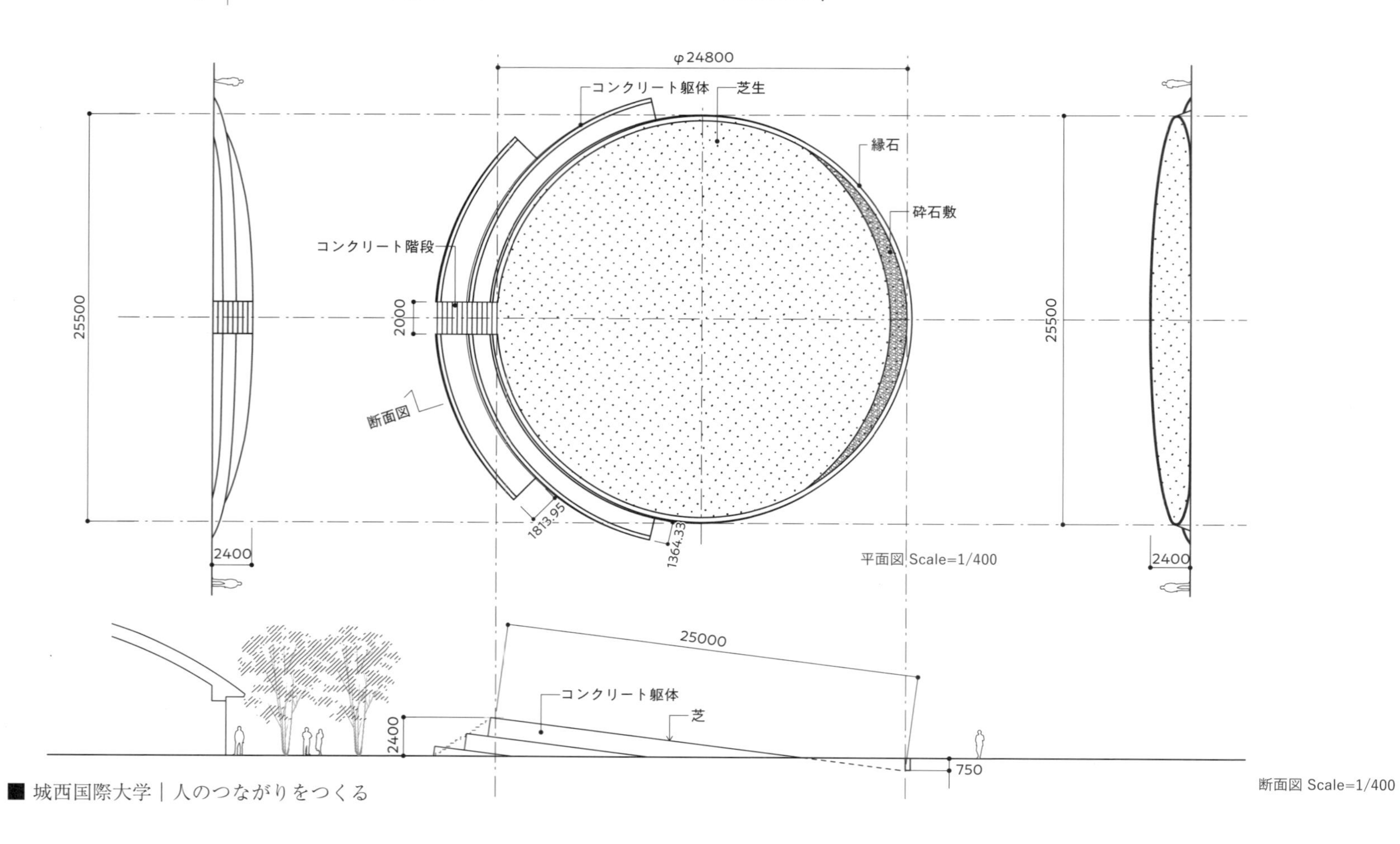

■ 城西国際大学｜人のつながりをつくる

開学から長期にわたって少しずつ増殖していく建築を受けとめる基盤として、キャンパスに一体的なイメージはありつつ、新設の大学として印象的な風景を創出することが求められていた。そこで、土地の持つ平坦性と水平性を強調するべく、キャンパス周辺に広がる農耕地の耕作パターンや、単純な幾何学形態の中にも複雑な断面形状の芝生広場を内含し、世界共通言語でもあるバーコードや太陽光のスペクトルに潜む不規則なストライプをモチーフとして、特徴的なランドスケープを提案している。舗装面の色調の変化とパターンの「ずれ」によって歩行者の感覚に揺らぎをもたらし、歩行者動線のノードをパターンの疎密に対応させ、誘導するとともに、建築と人、大地をつなぐ媒体として機能を持たせようとした。

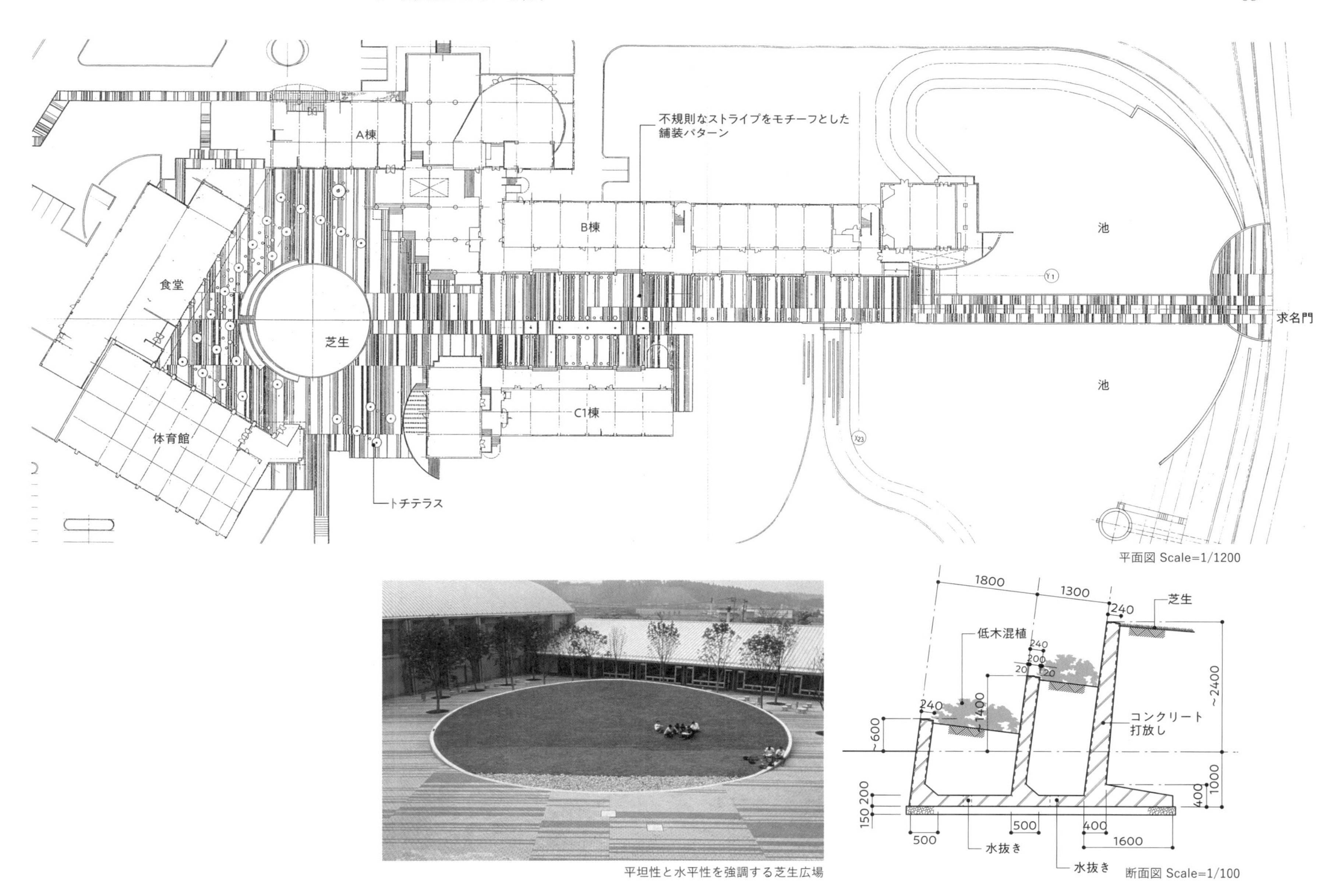

平面図 Scale=1/1200

平坦性と水平性を強調する芝生広場

断面図 Scale=1/100

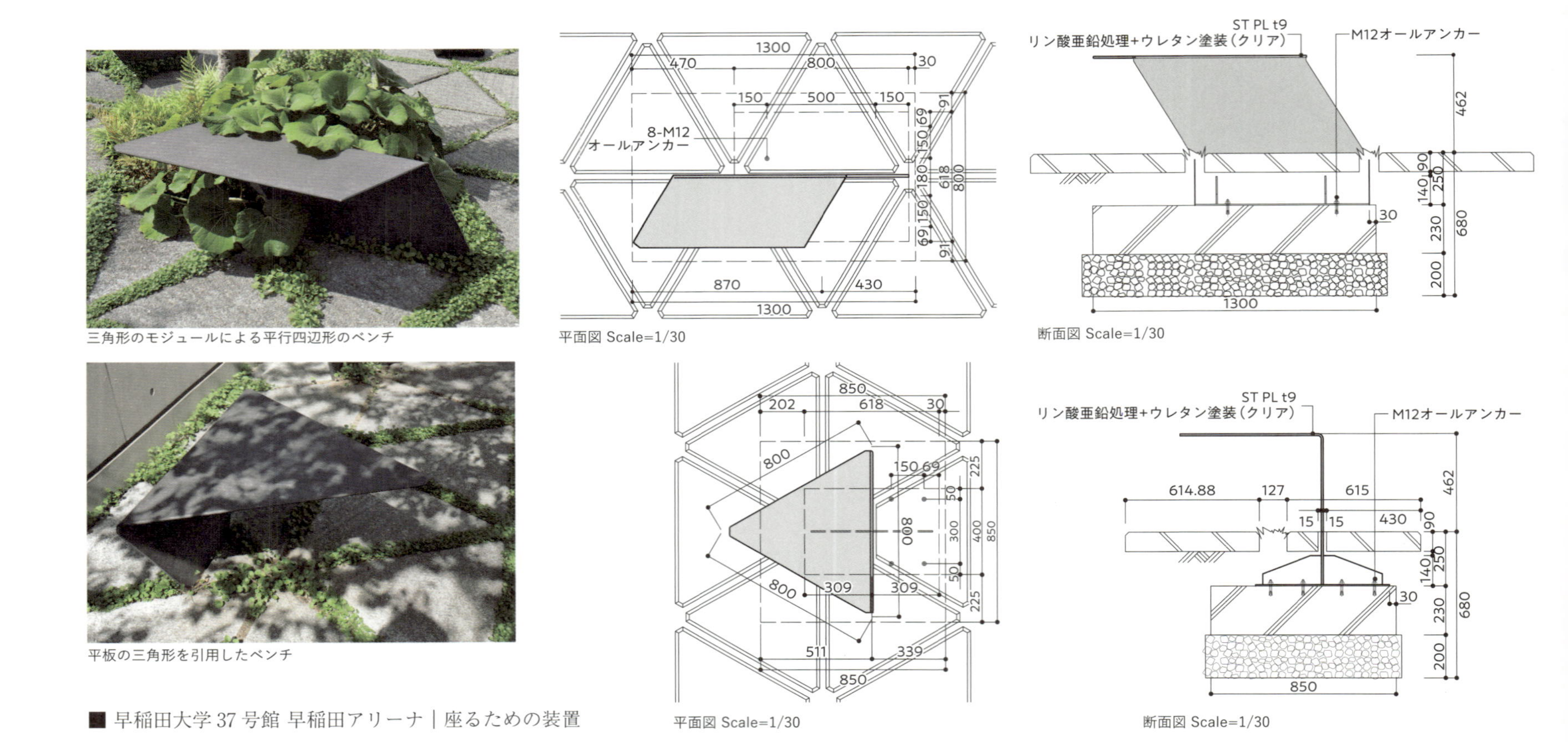

三角形のモジュールによる平行四辺形のベンチ

平面図 Scale=1/30

断面図 Scale=1/30

平板の三角形を引用したベンチ

平面図 Scale=1/30

断面図 Scale=1/30

■ 早稲田大学37号館 早稲田アリーナ｜座るための装置

下部のアリーナに天空光を導入するためにめくりあげられた床は、腰を下ろすための巨大な装置となっている。その上に水平に取り付けられた台形の木製床は、少人数でのたまりの場としてさまざまな行為を受けとめている。また、表面にリン酸亜鉛処理を施した厚さ9mmの鉄板は、地面の平板と同様、地盤面から持ち上げるために曲げ加工を施した三角形としている。また、雑木を中心とした小さな林の中に点在する平行四辺形のベンチは、腰を下ろすと少したわみながら優しく人を支えてくれる。さらに、水溜りをわたるための橋も同じ鉄板の素材でつくられており、植物や割ぐり石などの柔らかな自然素材で構成された場所にメリハリを与えている。

めくれた床と木製ベンチ

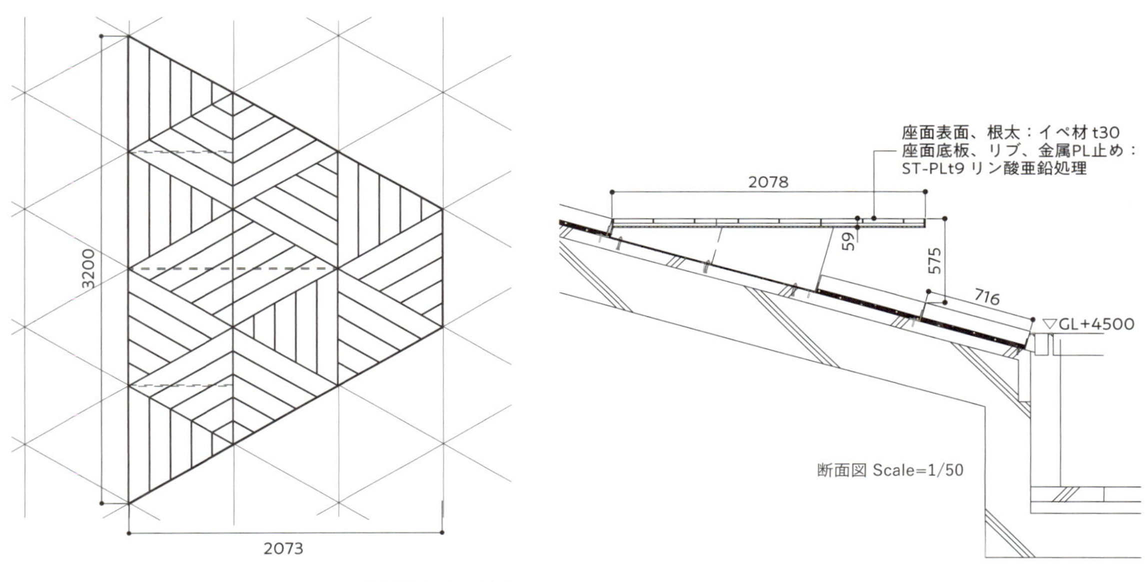

平面図 Scale=1/50

鉄板でつくられた橋

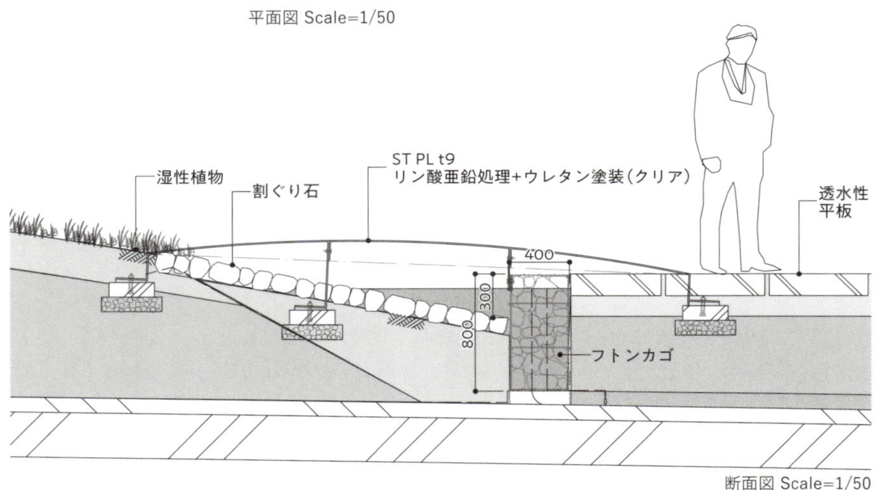

断面図 Scale=1/50

column

パッシブタウン 黒部
自然環境がつなぐコミュニティ

水路を活用した環境学習

住まいの内外を問わず、水、風、太陽光、土、そしてそれらに育まれる緑など、地域の自然環境が有するポテンシャルを最大限に活かすことによって、エネルギー消費量を抑制しつつ快適な居住を継続できる環境を創出することが、パッシブタウンにおけるランドスケープデザインの基本的なコンセプトである。

夏季の冷涼な風を取り込む建築の配置、植物と保水性舗装を含む地表面の被覆、植物群の良好な生育を保証する十分な深さの植栽基盤の確保、落葉樹の高木を中心とした植栽計画、涼感をもたらす多様な水景施設の構成によって、このコンセプトを体現する環境は実現された。加えて、周辺市街地との間に明確な境界をつくらず、街区全体が街に開くことによって、新たな居住者と従来からの市民のコミュニケーションを促進することができる空間構成を目指すことも、ランドスケープのプランニングとデザインに課せられた重要なテーマであった。

これらのテーマとコンセプトを、ヒューマンスケールのパブリックスペースにおいて実体化する上で、特に重視したことが扇状地の豊かな水資源を十分に活用することである。パッシブタウンが立地する黒部川扇状地では、地上部に農業用潅漑水路のネットワークが文字通り網の目のように張り巡らされている。それだけではなく、扇状地特有の伏流水が地下にも豊かな帯水層をもたらしている。これら二つの異なるタイプの水資源の恩恵を活かすデザインを追求することによって、持続可能なコミュニティの将来像の一端を垣間見ることができるのではないだろうか。

4章

しなやかであること

Resilience & Adaptability

4.1 しなやかに対応する

気候変動や自然災害がもたらすさまざまな環境ストレスを、空間の強靱さだけで克服することはできない。自然環境に備わる柔らかな吸収力と回復力のポテンシャルを十分に活かすしなやかさが同時に求められている。

植栽地に雨水が一時的に貯留される

地窓を通して室内から見たレインガーデン

石積みの立面

■ 宇治のアトリエ｜雨水との付き合い方を可視化する

頻発する豪雨災害に対処するための雨水流出抑制手法として広がりつつあるレインガーデン、その機能を、個々の建物敷地のランドスケープデザインに無理なく効果的に統合するためには、雨水の集約と一時的な貯留のあり方が課題となる。この事例では、建物の屋根に降った雨の大半を、軒内と軒先に幅広く設えた砕石の雨落ちで面的に受け止めた上で土中に浸透させ、それを雑割石積みの目地から湧出させている。雨水は一段低く設定した植栽地に一時的に貯留され、浸透桝から徐々に土中還元される。ほぼフラットな矩形の植栽地面は、桝があるコーナーに向かって緩やかに掘り込まれ、その土地の造形自体と高低差が低い石積みの立面が、意匠的な特徴となっている。

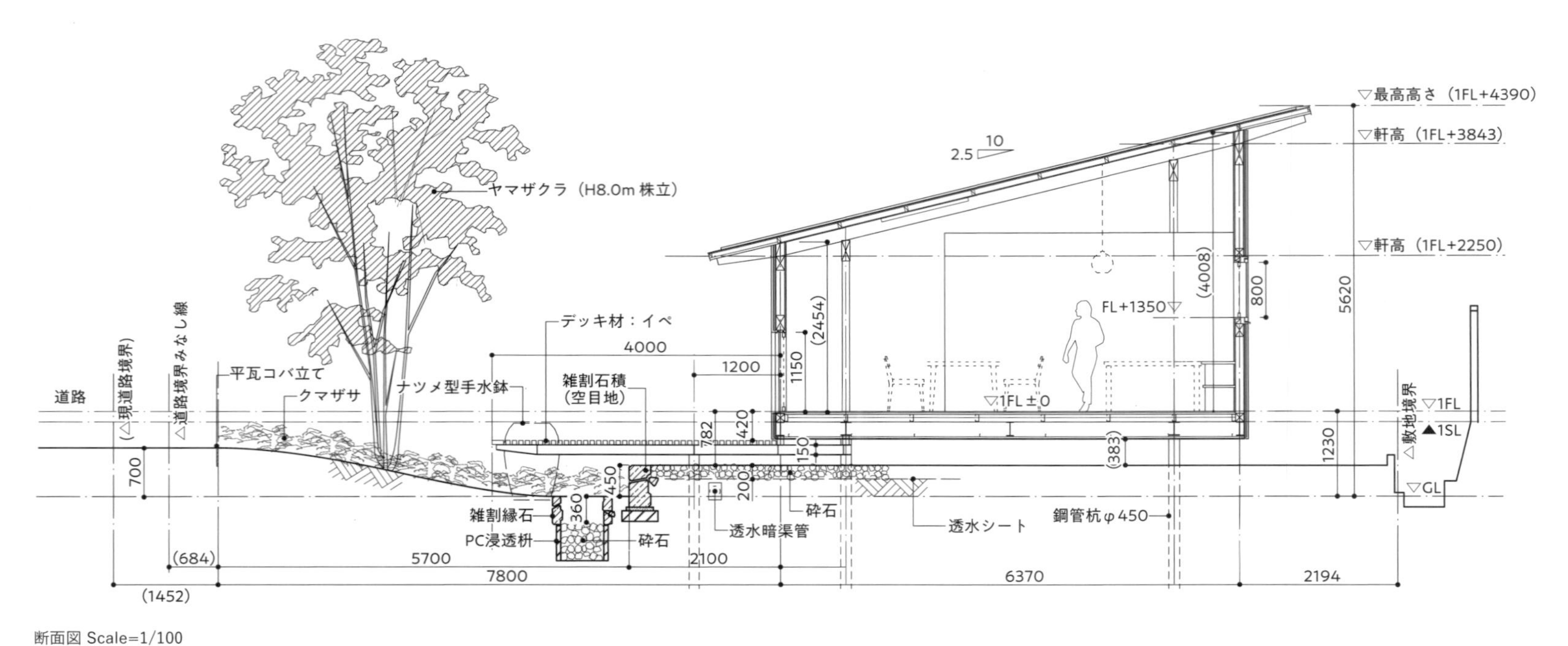

断面図 Scale=1/100

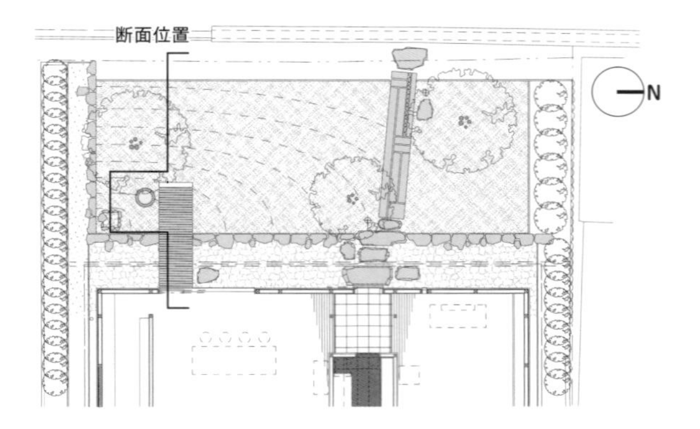

平面図 Scale=1/300

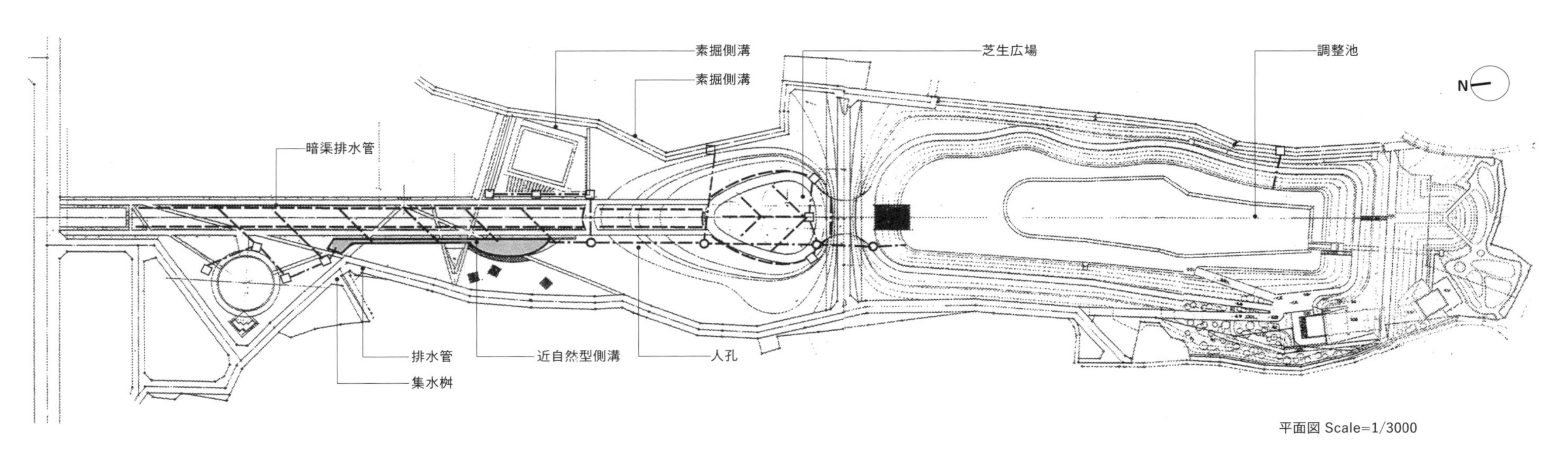

平面図 Scale=1/3000

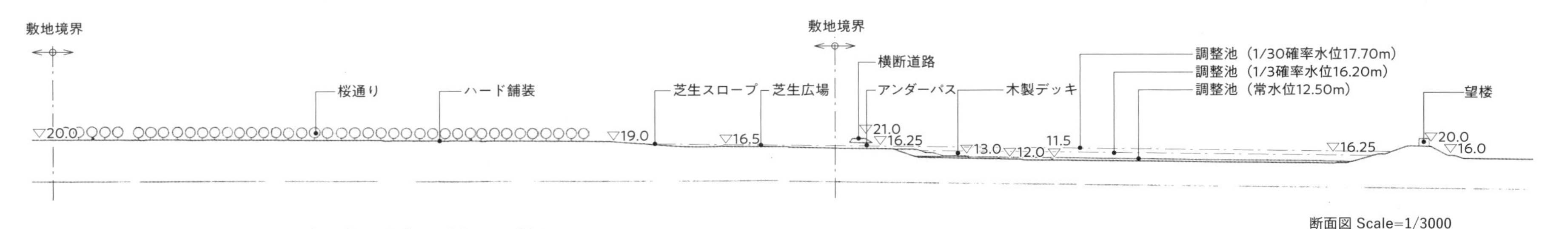

断面図 Scale=1/3000

■ ひたち野南近隣公園｜雨水の動態が形として顕れる

ここは台地の谷戸に立地する緑地で、豊かな緑と水の環境に恵まれ、特に雨水の扱い方がそのポテンシャルをより高める。この公園の排水計画では、排水施設そのものに高い透水性を期待した。ここで採用した近自然型側溝は、歩道側をコンクリート擁壁、芝生側を砕石を充填したフトンカゴとしている。これにより中央の直線的なヴィスタを強調しながらも両側の素材の表情をつなぎ、フトンカゴの角度、堰の位置と高さの設定によって、雨水の動態が形として顕れることを意図した。公園全体では南側に調整池、中央に洪水調整機能を有する芝生広場、北側に排水と浸透を兼ねる近自然型側溝を設け、雨水との付き合い方を敷地のレベルで可視化している。

洪水調整機能を有する芝生広場

フトンカゴと砕石による近自然型側溝

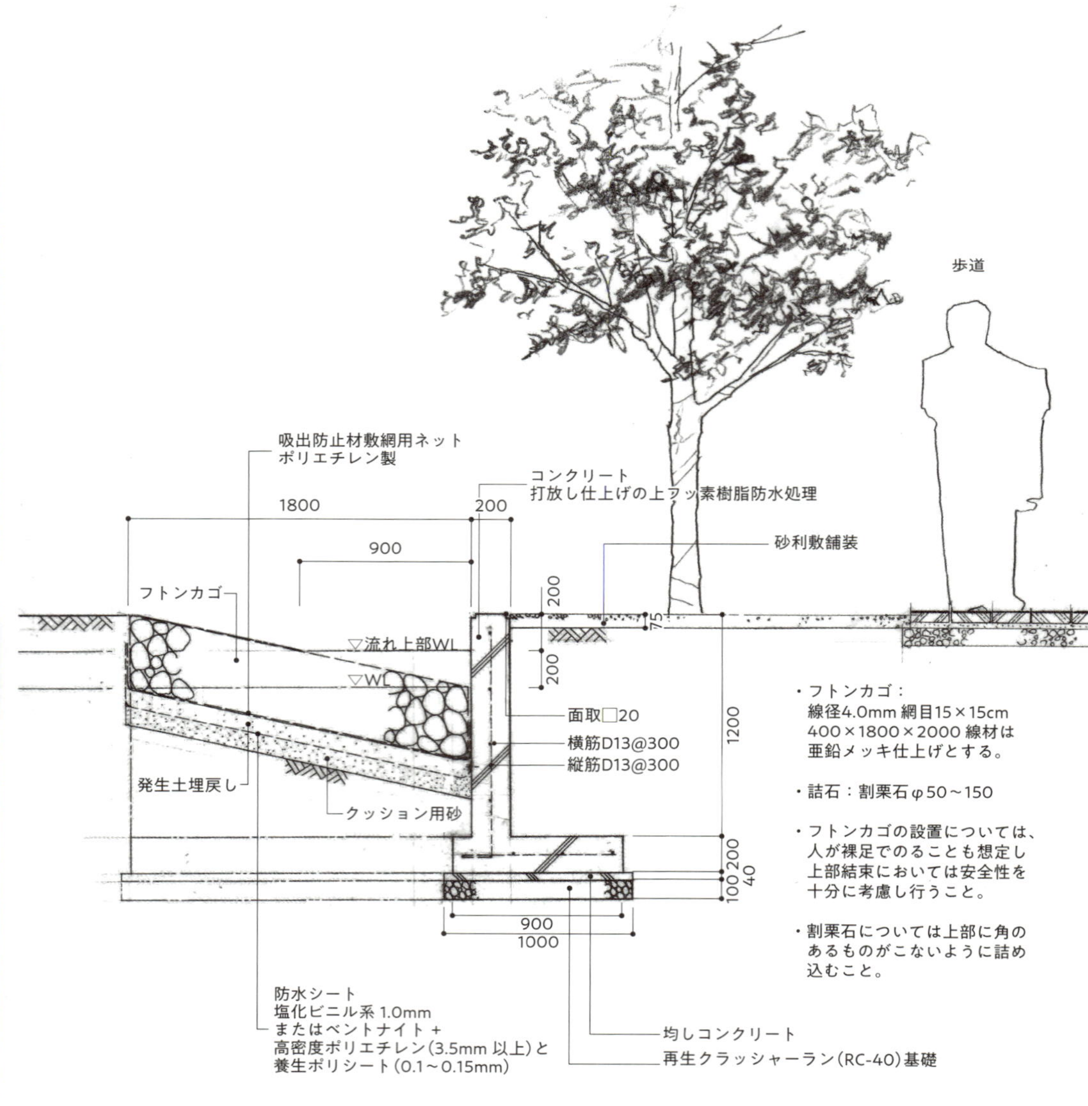

近自然型側溝 断面図 Scale=1/40

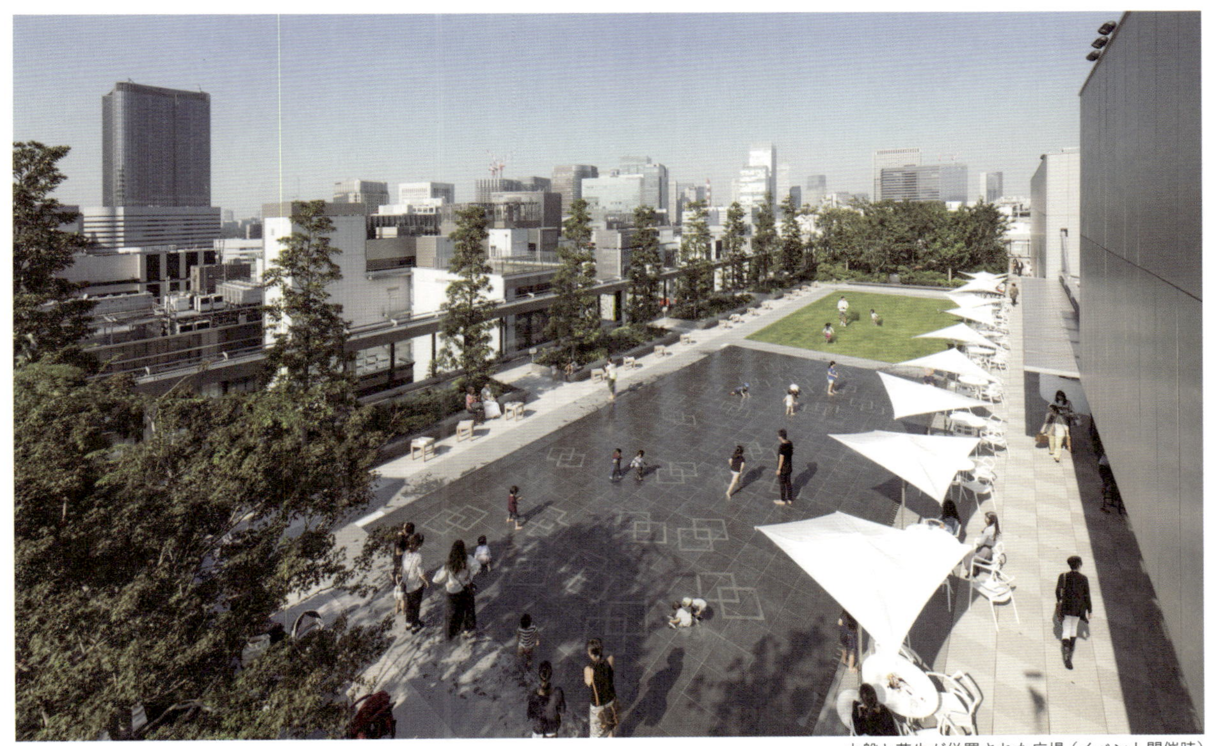

水盤と芝生が併置された広場（イベント開催時）

ガーデンパーティのようす

日常の水盤

■ GINZA SIX ｜水景からアクティビティの場へ転換できる水桟敷

GINZA SIX の屋上庭園には、同じ形状寸法の水盤と芝生が一対のものとして並置されている。一方には欧米の公園で必ず見られるフラットな芝生を、もう一方にはわずか5 mm の厚みの水膜が広がる水盤（水桟敷）を設え、水の音や水面にきらめく光とともに広場の中に穏やかな動きを生み出している。この薄い水盤は、水景施設の稼働を停止するだけで速やかに乾燥させることが可能で、わずかの時間で表情も機能も一変する。これにより、水盤と芝生は連続する一体の広場として、ガーデンパーティや夏季の薪能、アートイベントやクリスマスイベントなど、季節に応じた利用が実現されている。

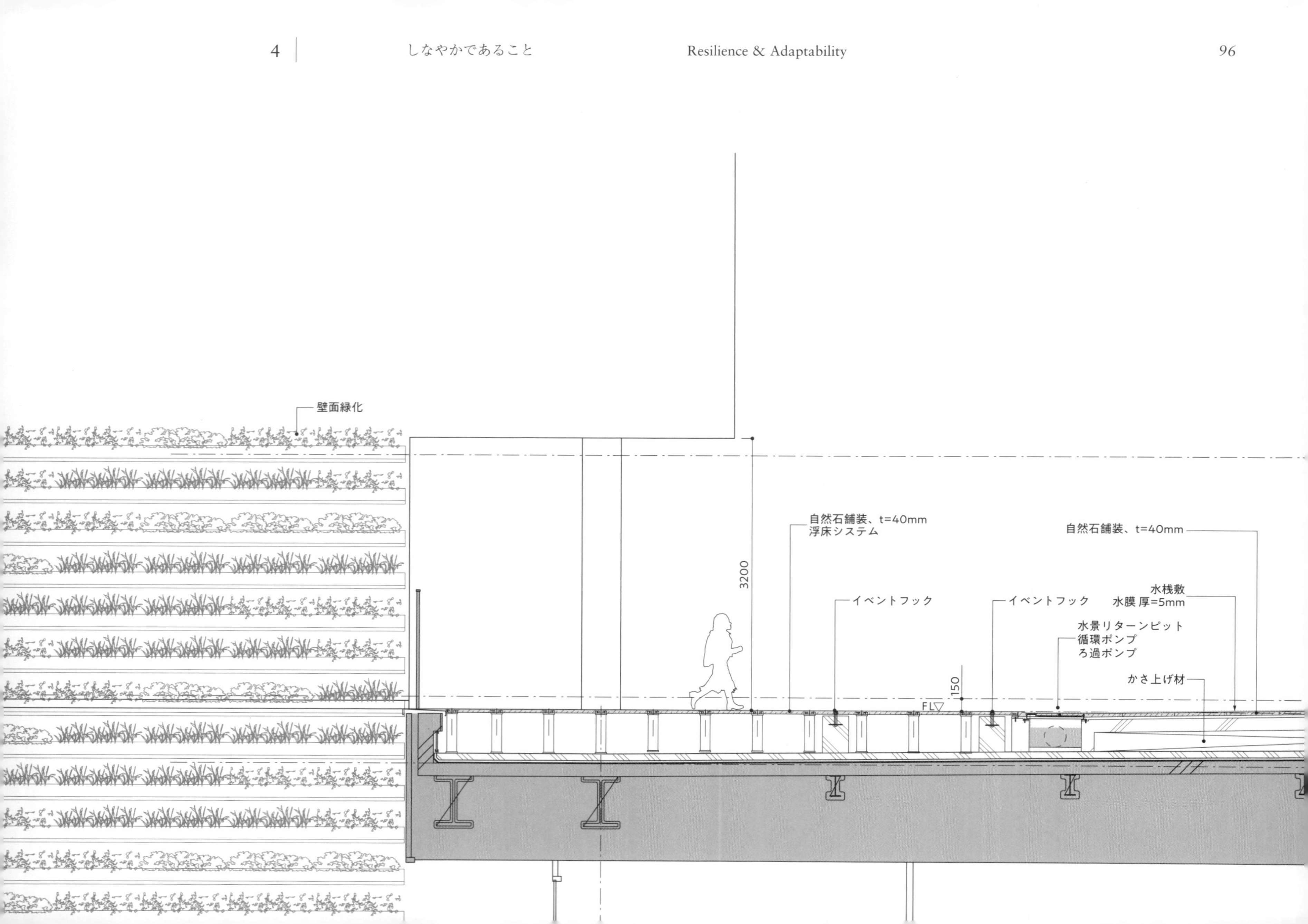
壁面緑化
3200
自然石舗装、t=40mm
浮床システム
自然石舗装、t=40mm
イベントフック
イベントフック
水栈敷
水膜 厚=5mm
水景リターンピット
循環ポンプ
ろ過ポンプ
かさ上げ材
150
FL▽

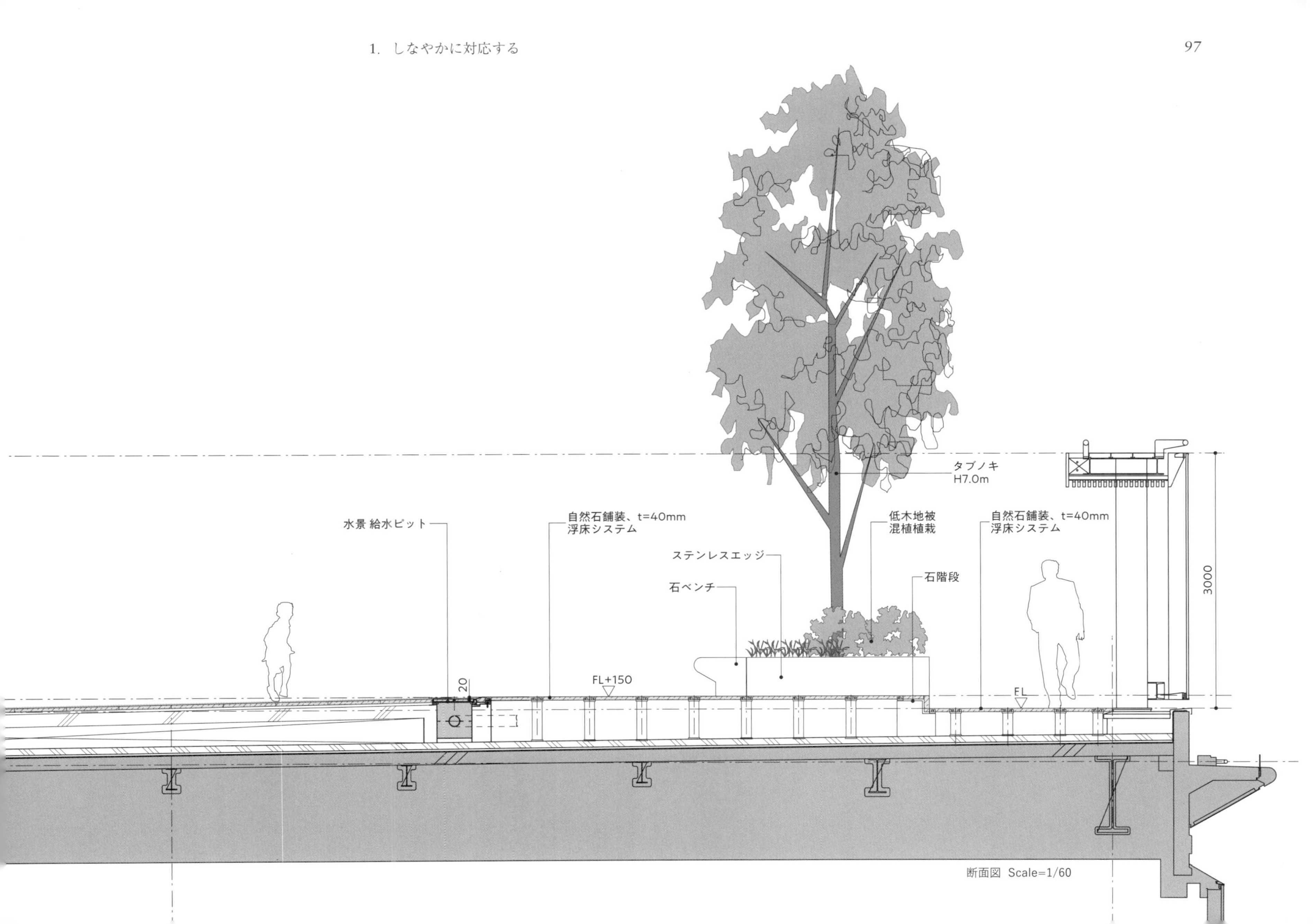

断面図 Scale=1/60

生活動線の緑道沿いに整備したレインガーデン

■ コンフォール松原 B2/B3 街区｜雨水の受け皿を生活に溶け込ませる

住宅団地の建替計画において、既存の緑を保全することで環境資産を継承している。歩行者の生活動線としての緑道、広場やクラインガルテン、1階住戸のテラスなどを配置し、日常的に緑の環境を享受できる計画とした。緑道沿いに整備したレインガーデンの窪地では、ミソハギなど湿った環境を好む宿根草を中心とした植栽設計とし、多様な植生によって広域的なエコロジカルネットワークの一端を担うことを意図している。また、園路がレインガーデンを横断する部分では、舗装面の段差処理のために、割ぐり石を詰めたフトンカゴを設置している。このフトンカゴはオーバーフロー管を内蔵しており、満水時にレインガーデンの水位を保つ機能を持たせた。

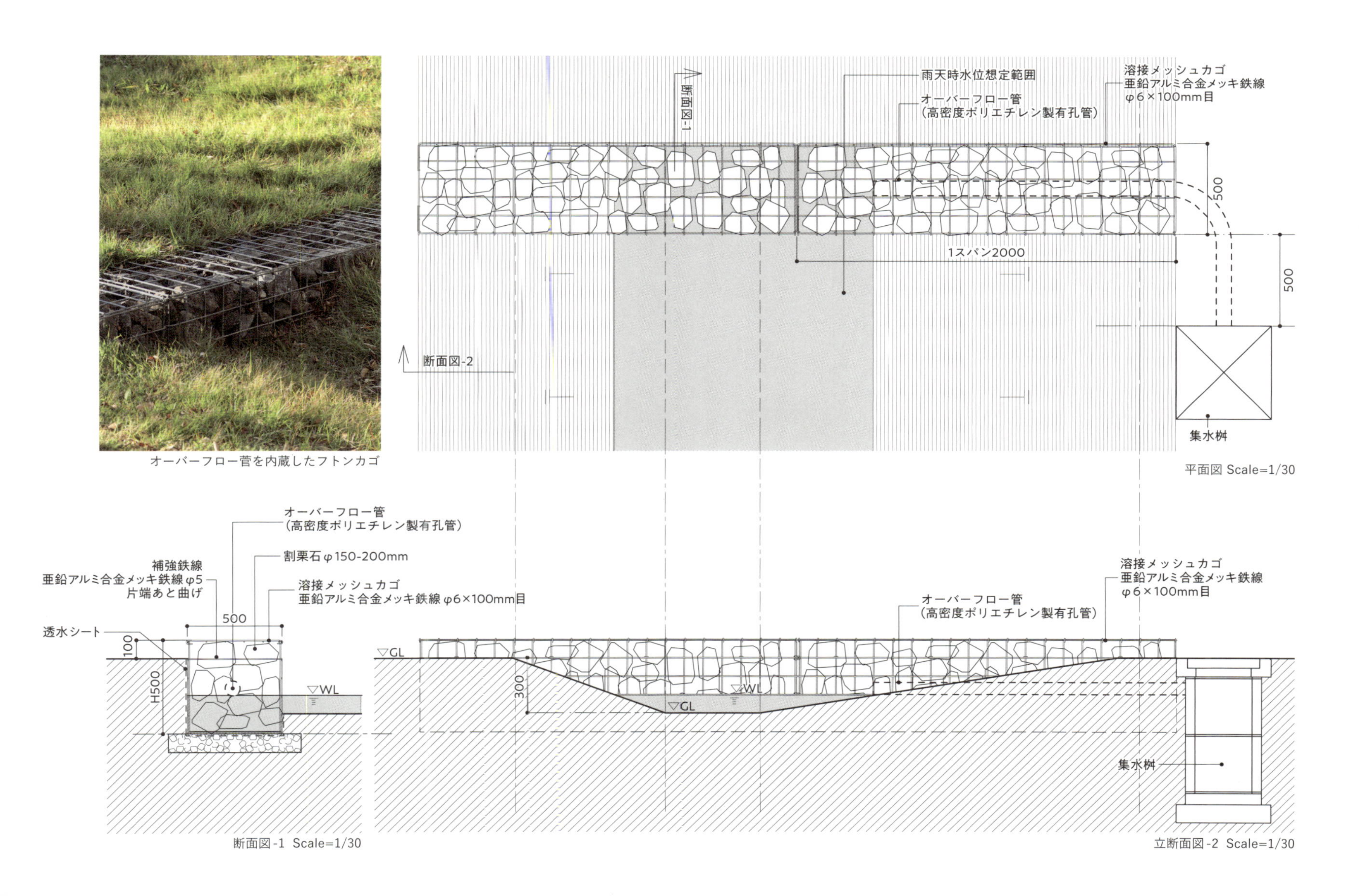

オーバーフロー管を内蔵したフトンカゴ

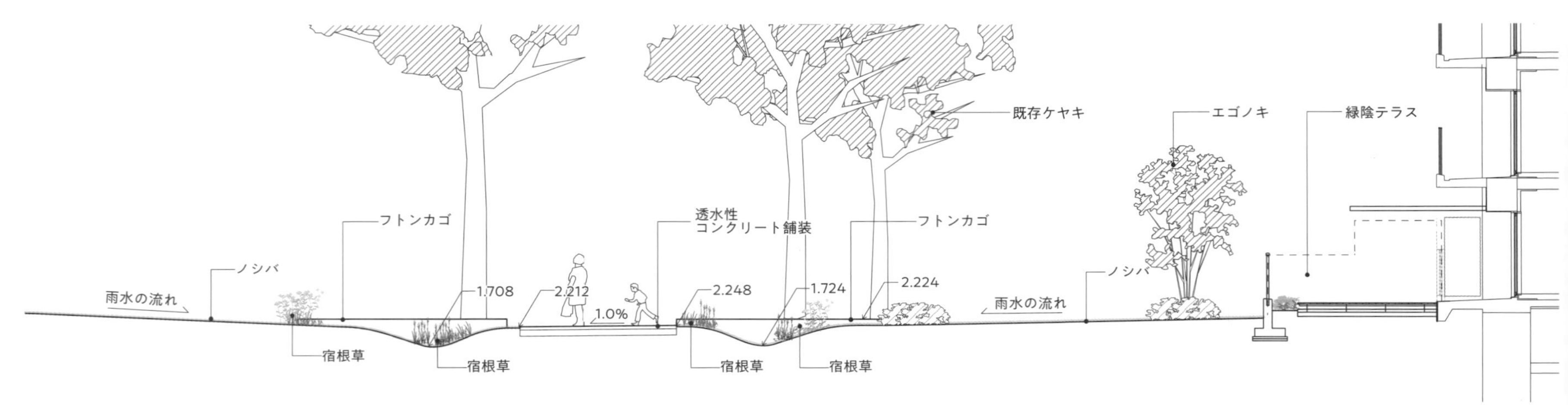

断面図 Scale=1/150

窪地とフトンカゴがさまざまな活動の受け皿になる

レインガーデンに雨水が溜まるようす

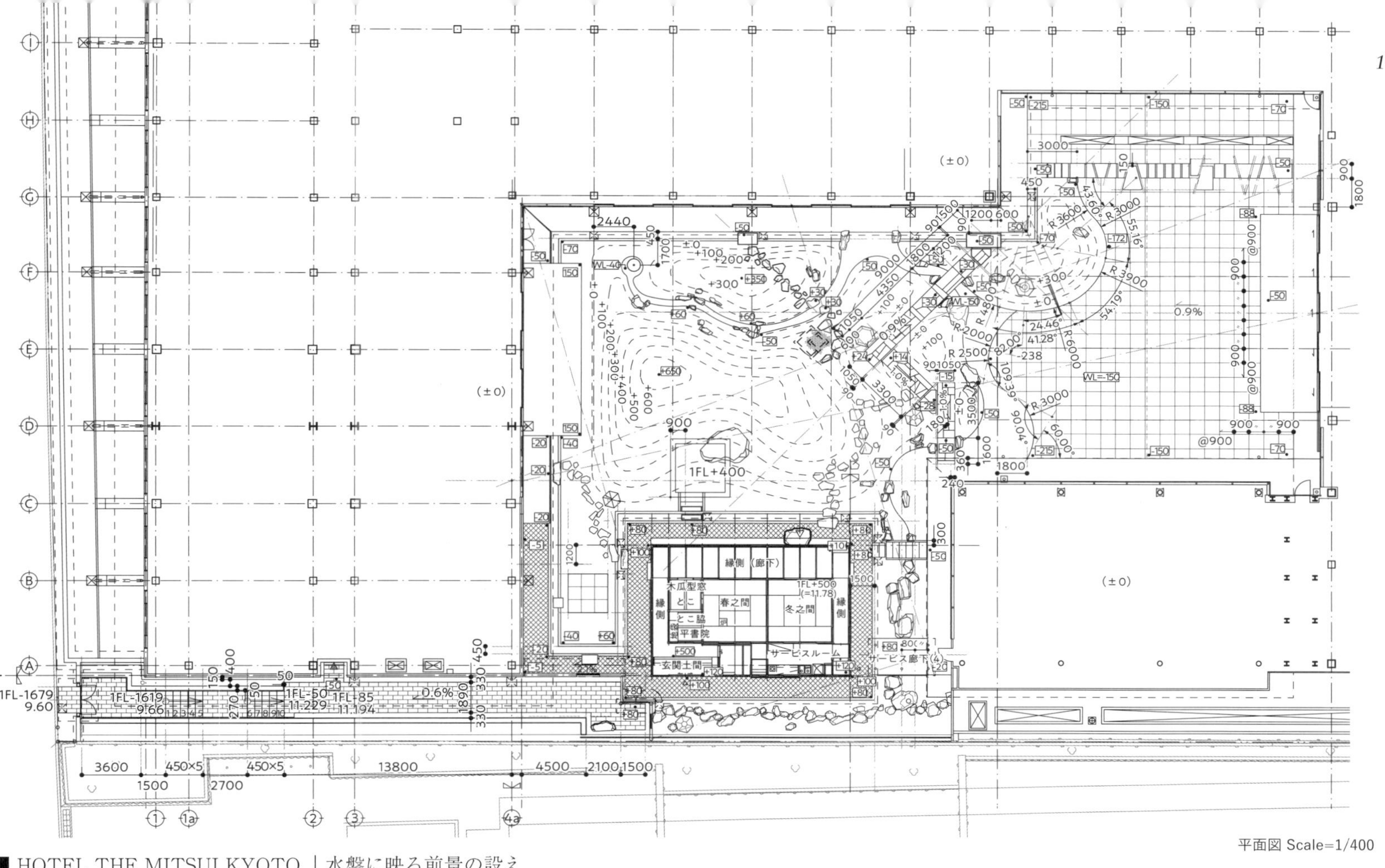

平面図 Scale=1/400

■ HOTEL THE MITSUI KYOTO ｜水盤に映る前景の設え

ラグジュアリーホテルにおける上質な Sense of Arrival を醸成するうえで、玄関やロビーラウンジからの眺めの前景になる設えには細心の注意を払うことが必要である。しかしここでは、既存建築物の地下躯体の再利用が前提とされており、そのスラブ上面と床レベルの間に、限られた断面のスペースが確保できるのみであった。このような条件のもと、新たに植栽地を確保することは難しく、厚さ 10mm 程度の薄い水膜を、約 1%の勾配に設定した石材の平面上で緩やかに動かす設えとしている。吐水口をテラスとのわずかな高低差の中にスリット状に仕込むことによって、過度な水膜の動きを抑え、水面に映り込む木々や建物や、光の移ろいによる印象的なシーンを演出した。

ラウンジと一体化する水盤と背後の緑

植生ロール部分

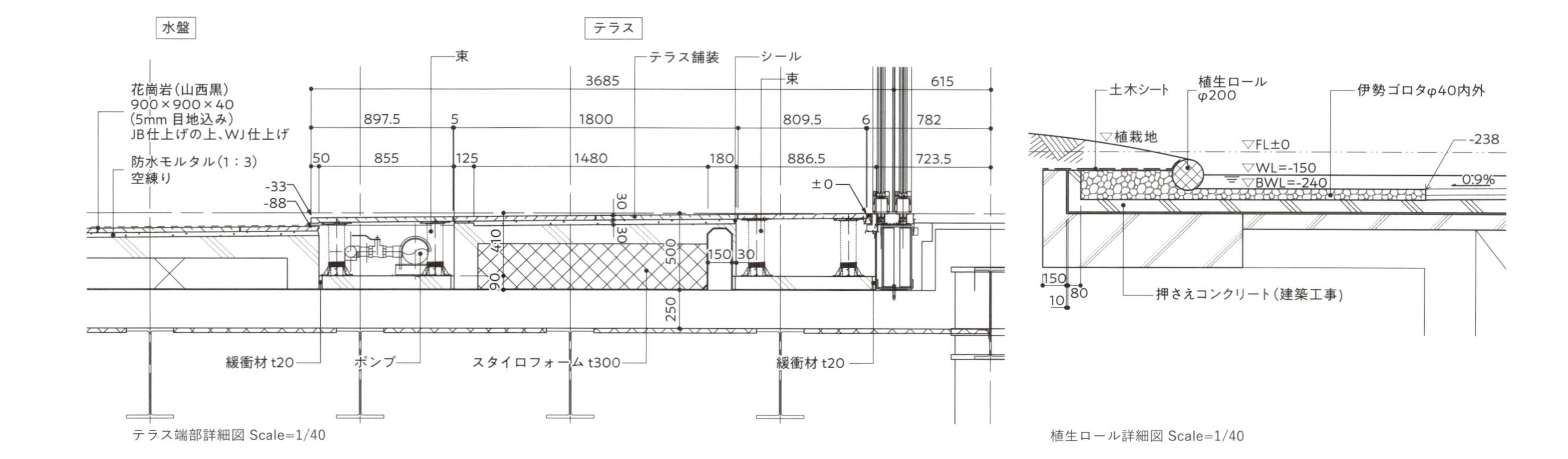

テラス端部詳細図 Scale=1/40

植生ロール詳細図 Scale=1/40

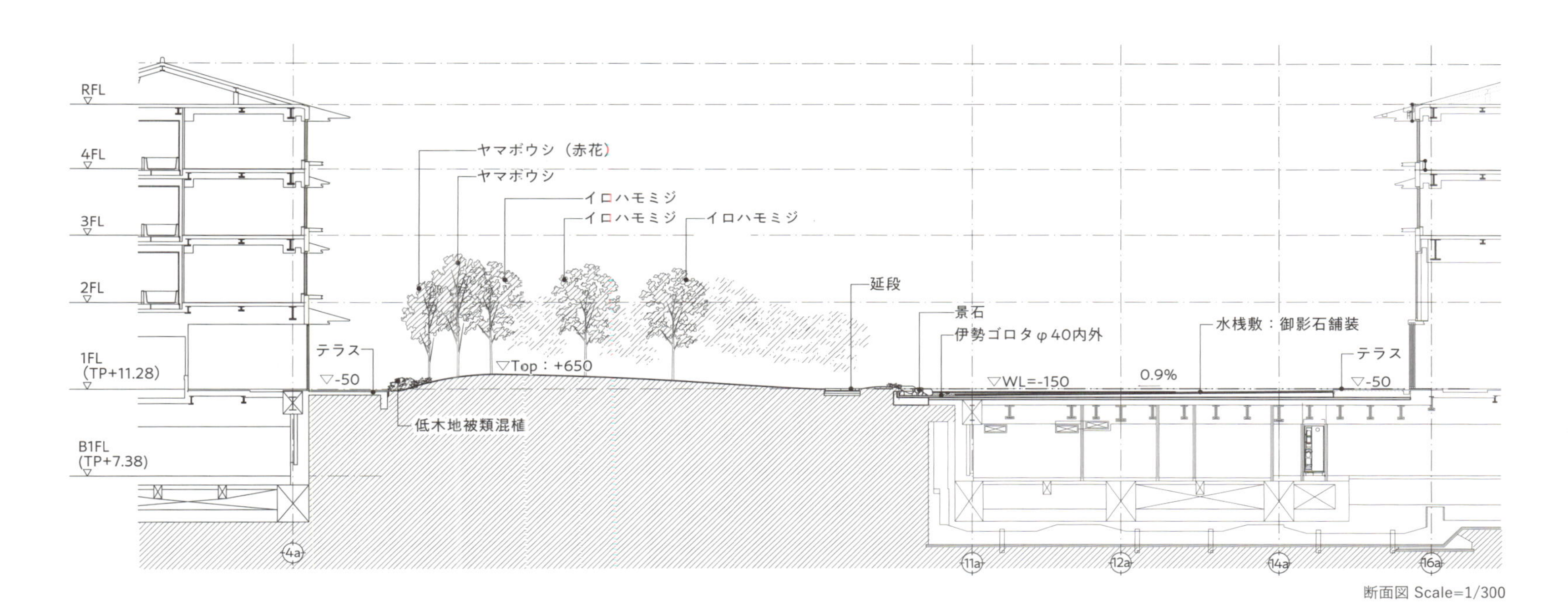

断面図 Scale=1/300

水盤の背景となるテラスの前庭のようす

水盤に映り込む光と影

4.2 さりげなく設える

パブリックスペースでは、一つの空間にさまざまな役割や使いこなしを求められる。場所に固有のアイデンティティを維持しつつ機能や場面の転換に鮮やかに対応することができるならば、人の感動は大きなものとなる。

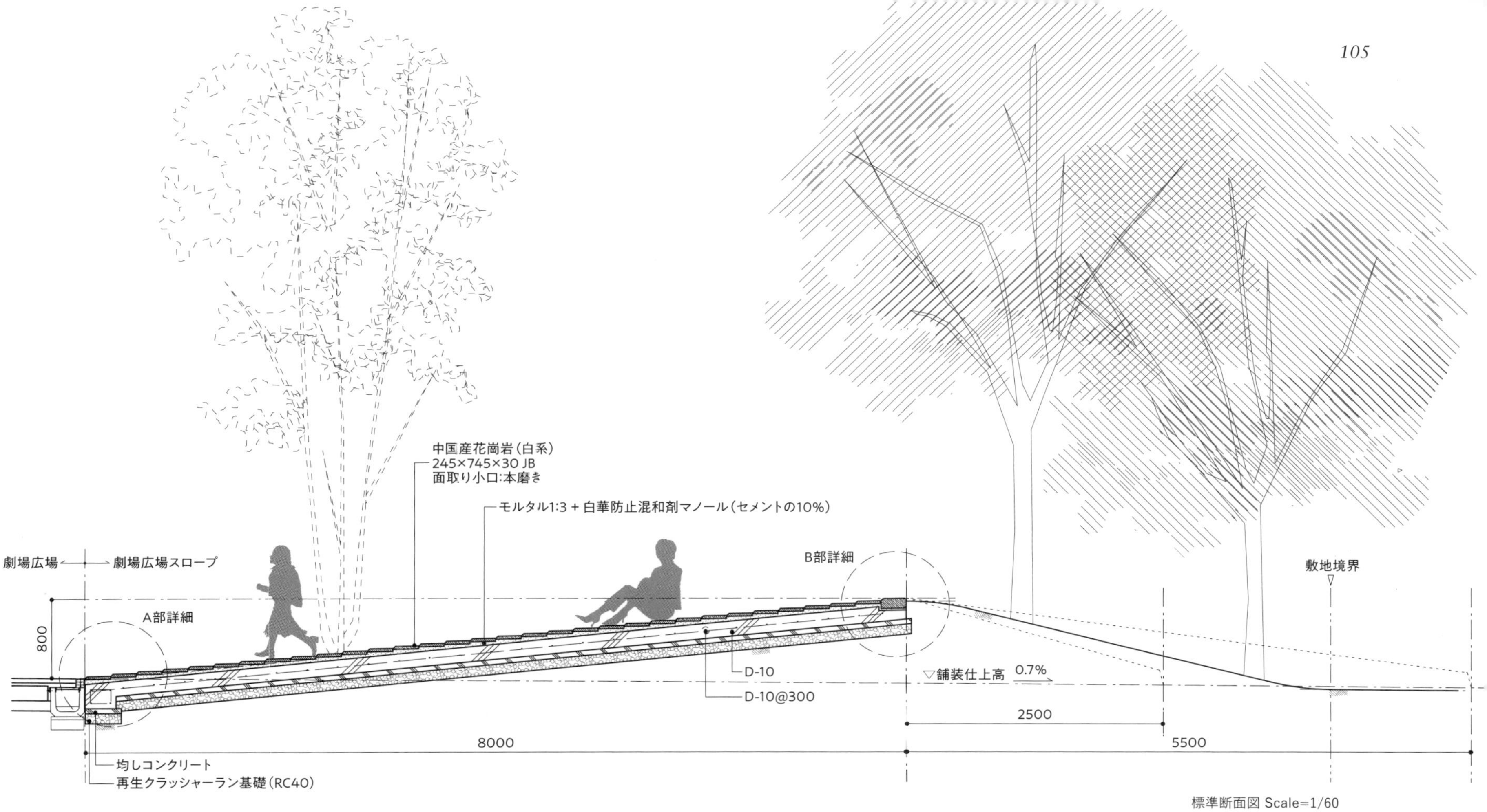

中国産花崗岩（白系）
245×745×30 JB
面取り小口：本磨き
モルタル1:3 + 白華防止混和剤マノール（セメントの10%）
劇場広場 劇場広場スロープ
B部詳細
A部詳細
800
敷地境界
D-10
D-10@300
▽舗装仕上高 0.7%
2500
8000
5500
均しコンクリート
再生クラッシャーラン基礎（RC40）
標準断面図 Scale=1/60

■ 春日部市東部地域振興ふれあい拠点施設（ふれあいキューブ）｜ホールと風景をしなやかにつなぐ

地域のシンボルであり、災害時の指定避難所でもある文化施設の前面にスロープを設えた。このスロープはホールと一体利用した際に観客席として腰が下ろしやすいように小さな段（高さ20mm、幅245mm）の重なりとしている。段の小口と側面立ち上がりは花崗岩の本磨きの仕上げとし、細い部材が重なった構成であることを視覚的に強調した。スロープの頂部と街路との間は、幅4mの緩やかな斜面の植栽地とし、ホールからの視線の先にはクス、ケヤキ、ヤマザクラによる木立が緑の背景を形成している。

ホールから連続する劇場広場のスロープ（撮影：安田俊也）

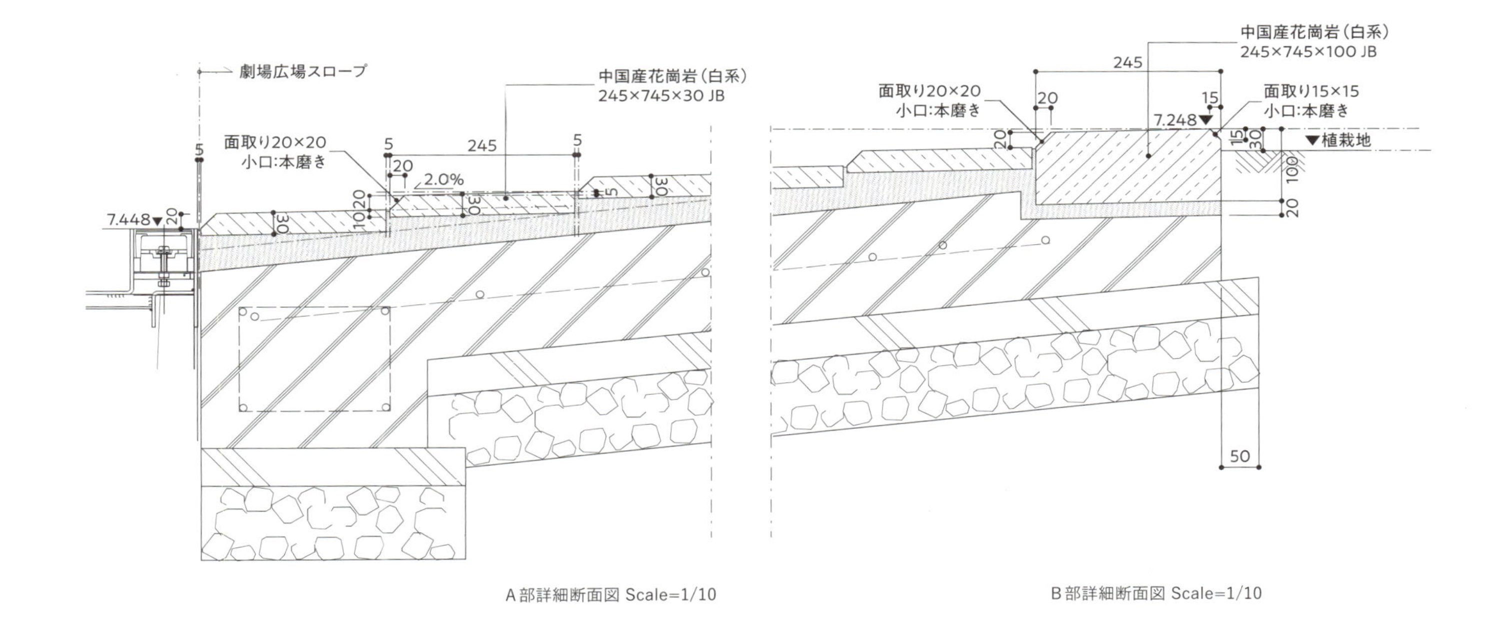

A部詳細断面図 Scale=1/10

B部詳細断面図 Scale=1/10

細い部材が重なった側面の立ち上がり（撮影：URBAN ARTS）

ホールの背景となる木立とスロープ（撮影：安田俊也）

小さな段の重なりによるスロープ

手回しポンプと水時計が置かれたスペース

■ 曳舟駅前地区Ｉ街区｜防災井戸で遊ぶ

太平洋戦争の空襲を免れたこの地域には、細街路によって区画された密集市街地が形成されていたが、市街地再開発事業によって利便性、安全性が確保された街区へと更新される過程で、土地の記憶や地域に育まれてきたコミュニティの継承が課題となった。この地域には、「路地尊」と呼ばれる地域コミュニティの広場が路地の一角にあり、そこに周辺から集水された雨水の貯留施設が設置され、草花への日常的な灌水や子供の水遊びの場、災害時にも使える水源となっている。この計画でも低層棟の屋根に降った雨水を集め、馬頭観音が移設されたスペースには毎時少量の水が流れる水景施設を整備した。その水は地下の人孔に再度貯め、手回しポンプで汲み上げて使えるようになっている。

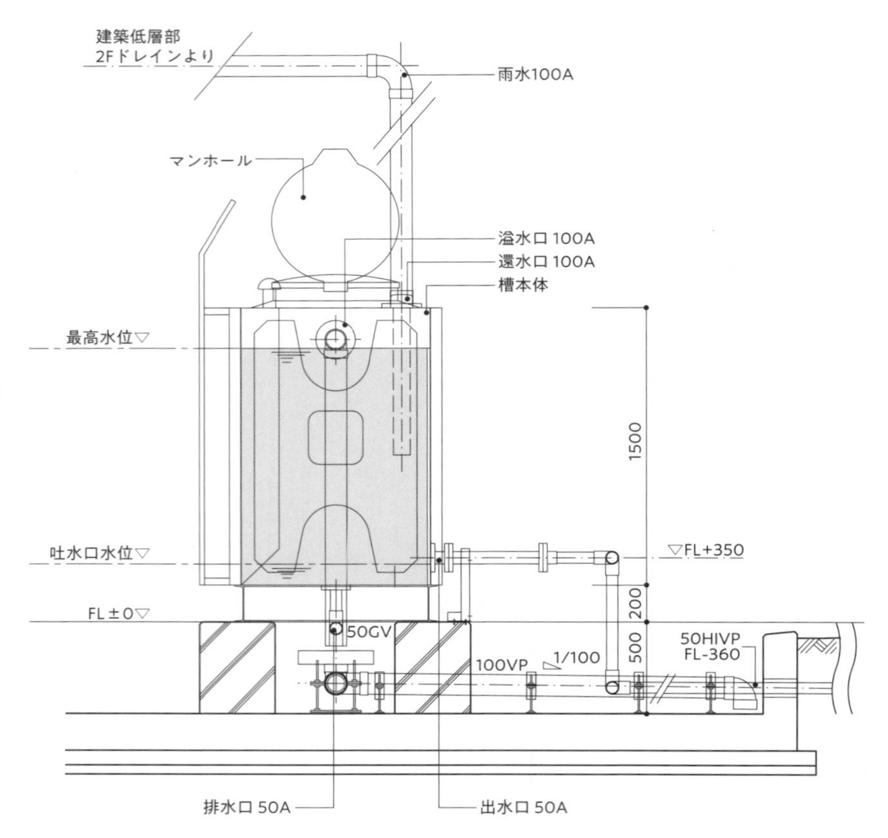

貯水槽 詳細図 Scale=1/40

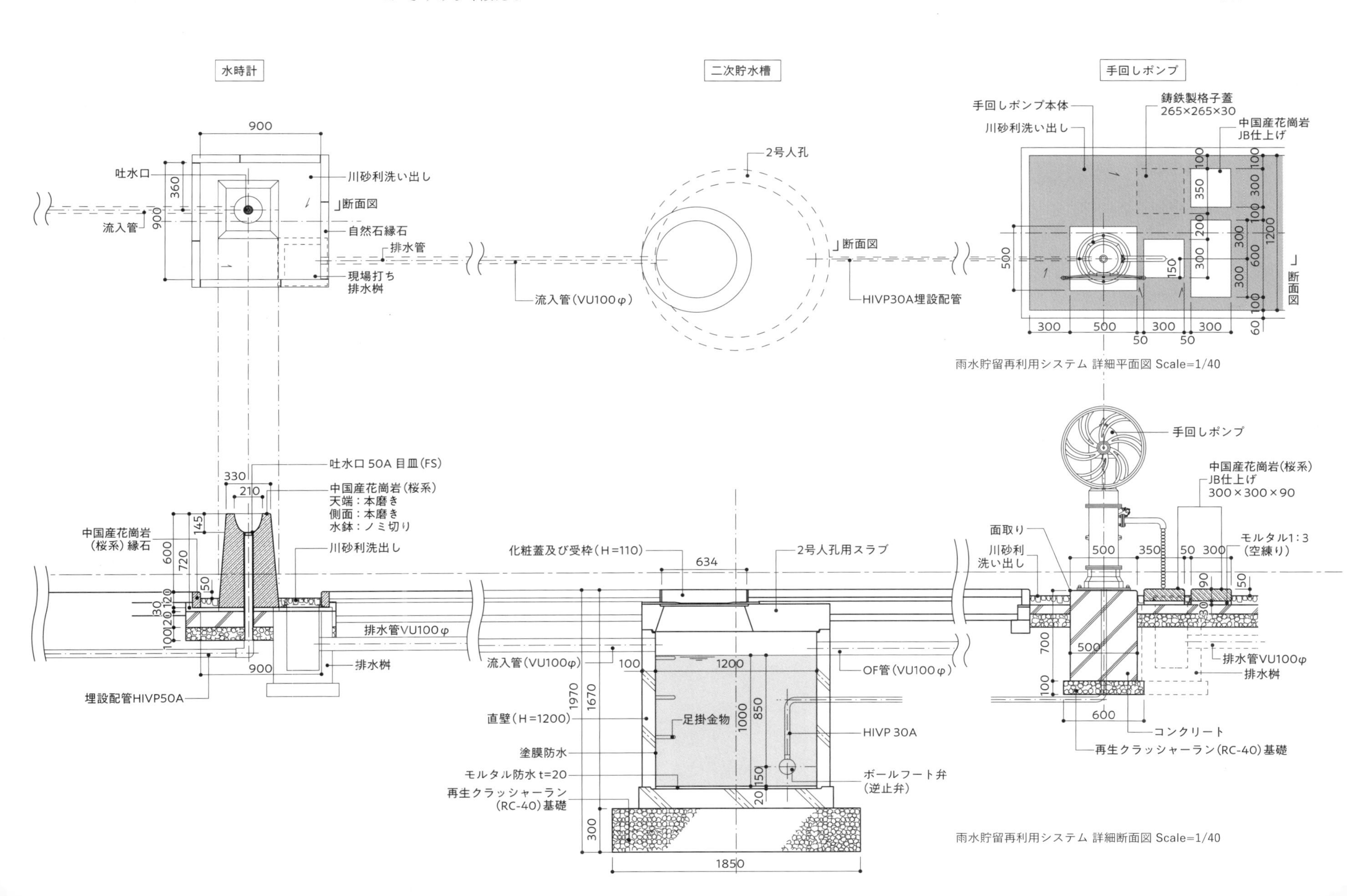

雨水貯留再利用システム 詳細平面図 Scale=1/40

雨水貯留再利用システム 詳細断面図 Scale=1/40

街のロゴマークをそのまま立体化した花崗岩のオブジェ

■ 川口並木元町近隣公園｜日常に溶け込み地域の人に愛される公園

この公園では、疎林広場、水景施設、芝生桟敷、石敷き広場などを、周辺街区の空間の土地利用に呼応しつつ並列して配置し、併設するアートギャラリーの屋外展示や、多様なイベント等の利用に対応できる空間構成となっている。その中に配置されるベンチには、二人で背中合わせに座ることを想定したもの、林の中でぼんやりと明かりをみせる行燈のようなもの、鋳物のどんぐり型のスツールがある。また、アルミキャストの手洗い、葉っぱをモチーフにしたツリーサイクル、この街のロゴをそのまま立体化した花崗岩のオブジェなど、ものづくりの街にふさわしいディテールの数々が点景となって、この公園に個性を与えている。

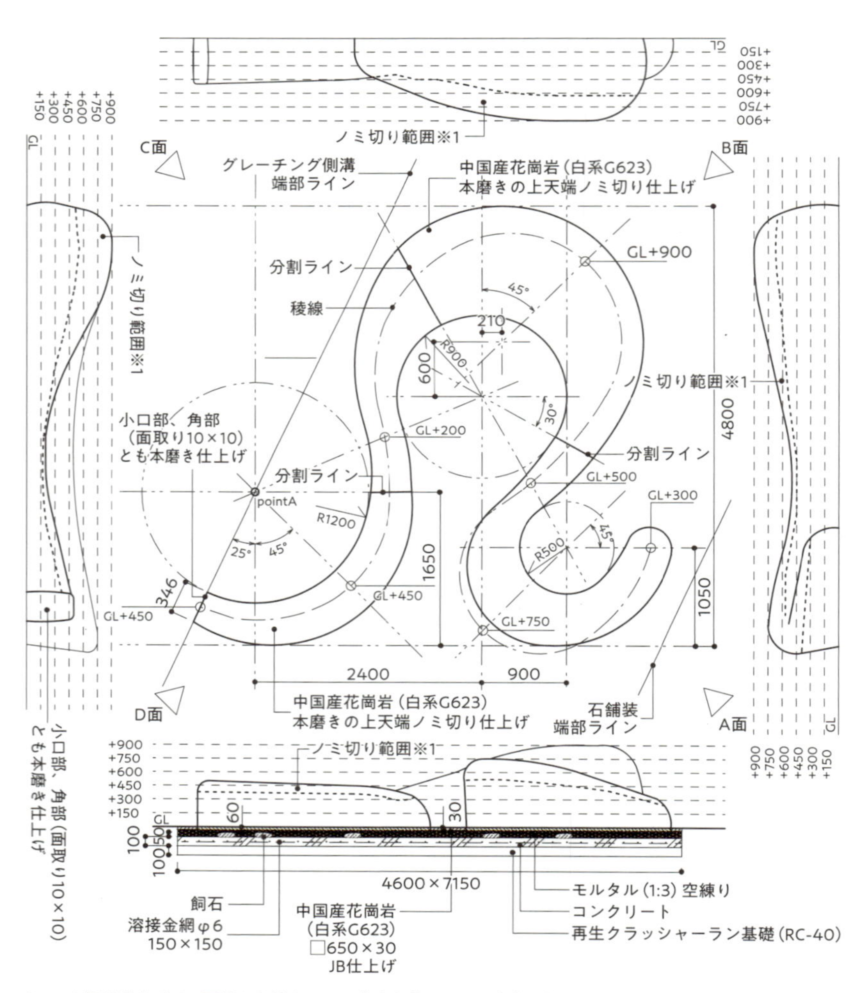

※1 ノミ切り仕上げは、天端から徐々にその密度を荒くして、本磨き部とのなじみに考慮する。

花崗岩のオブジェ 詳細図 Scale=1/80

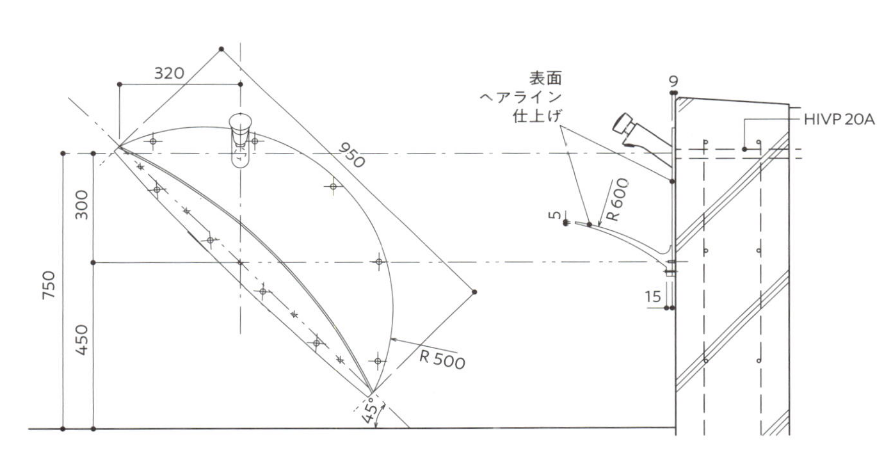

アルミキャストの手洗い 立面図 Scale=1/20　　断面図 Scale=1/20

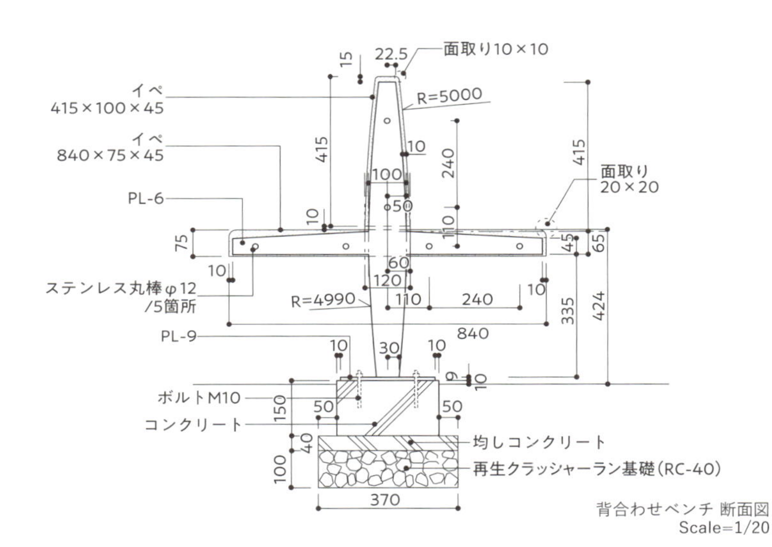

背合わせベンチ 断面図
Scale=1/20

アルミキャストの手洗い

背合わせベンチ

行燈ベンチ

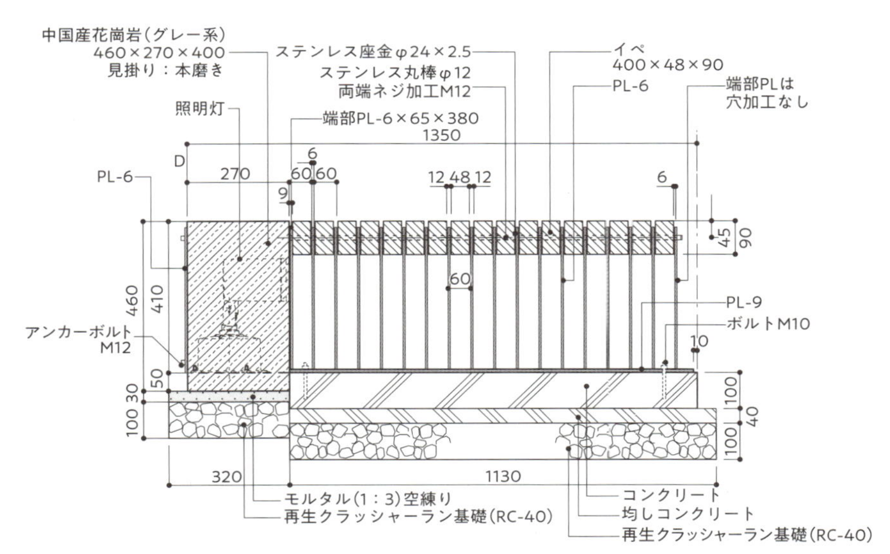

行燈ベンチ 断面図 Scale= 1/20

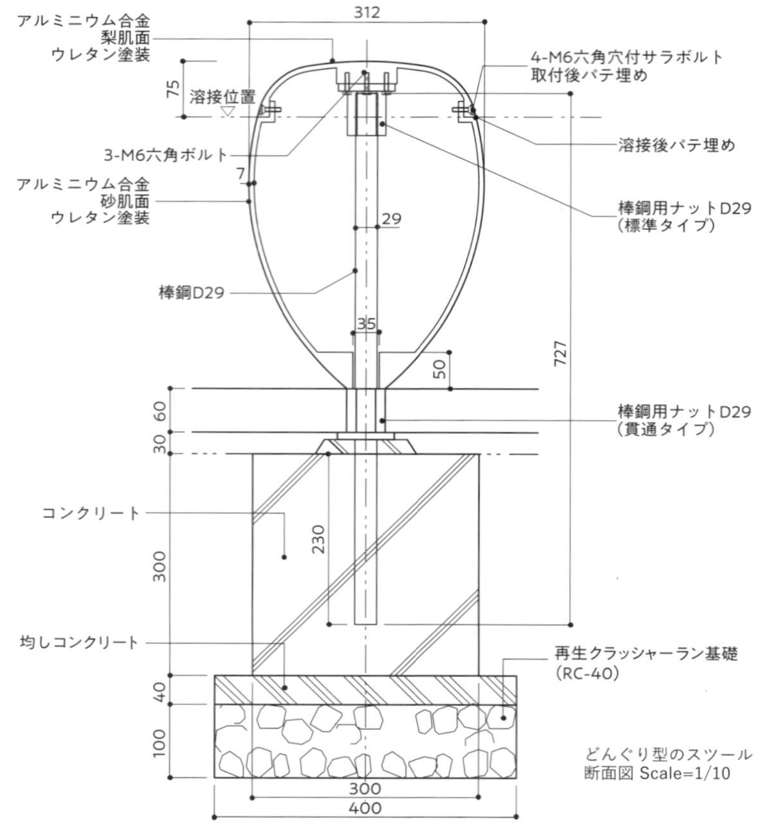

どんぐり型のスツール
断面図 Scale=1/10

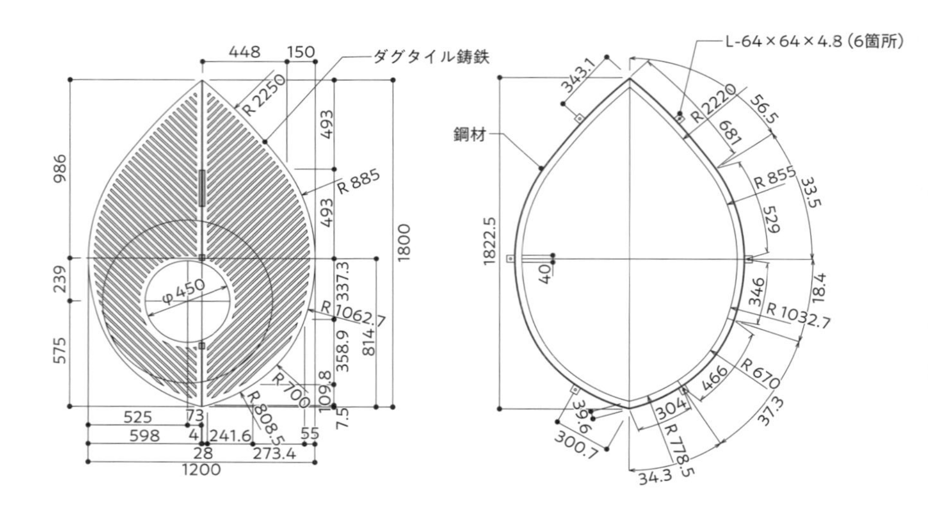

ツリーサークル本体 平面図 Scale=1/40

ツリーサークル 枠材平面図 Scale=1/40

どんぐり型のスツール

葉っぱモチーフのツリーサークル

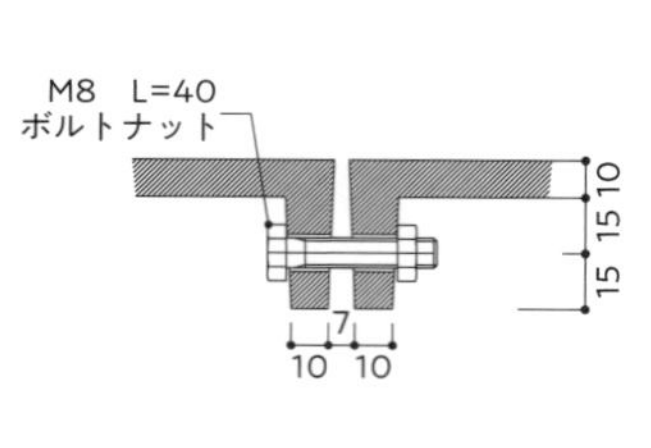

ツリーサークル 接合部詳細図 Scale=1/4

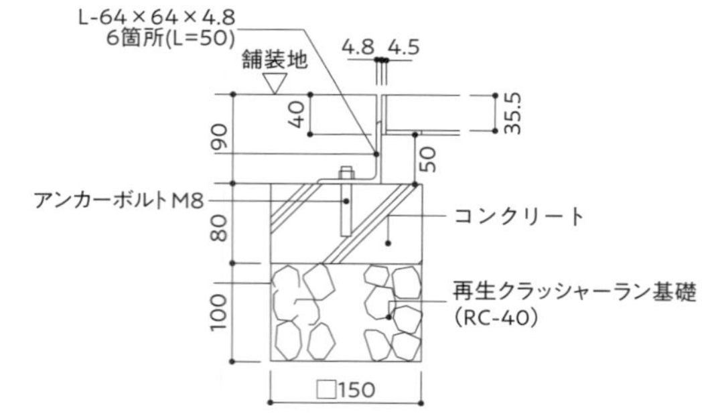

ツリーサークル 取付部詳細図 Scale=1/10

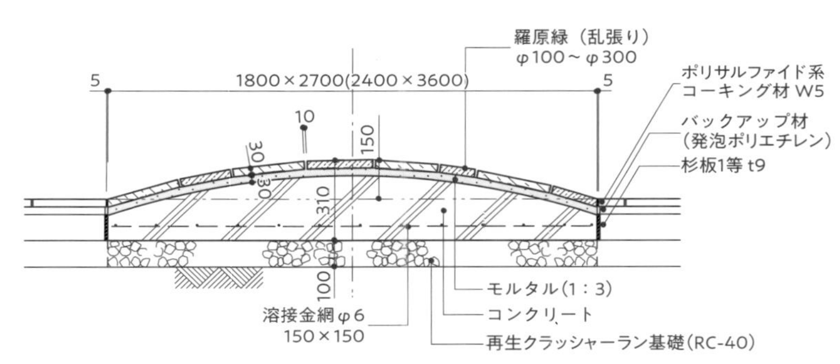

※モルタル内にセメントの 1% の割合で白華防止材を混合する。
※石材目地部は、モルタル(1：2)：色(グレー)付とする。

リーフa,b（マウンド）断面図 Scale=1/30

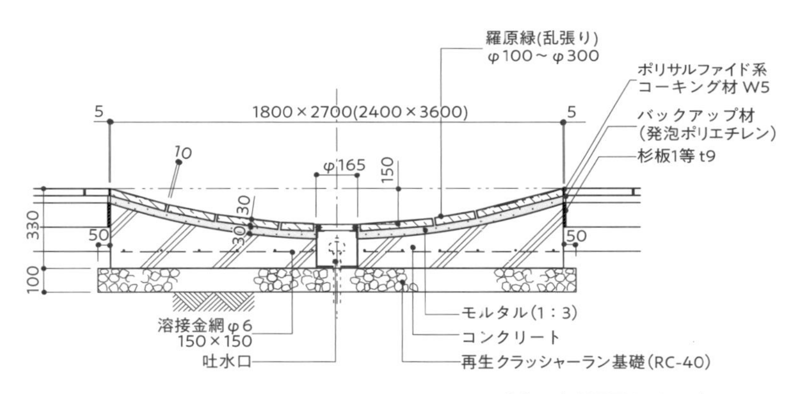

リーフa,b（プール）断面図 Scale=1/30

葉っぱモチーフの水遊び場

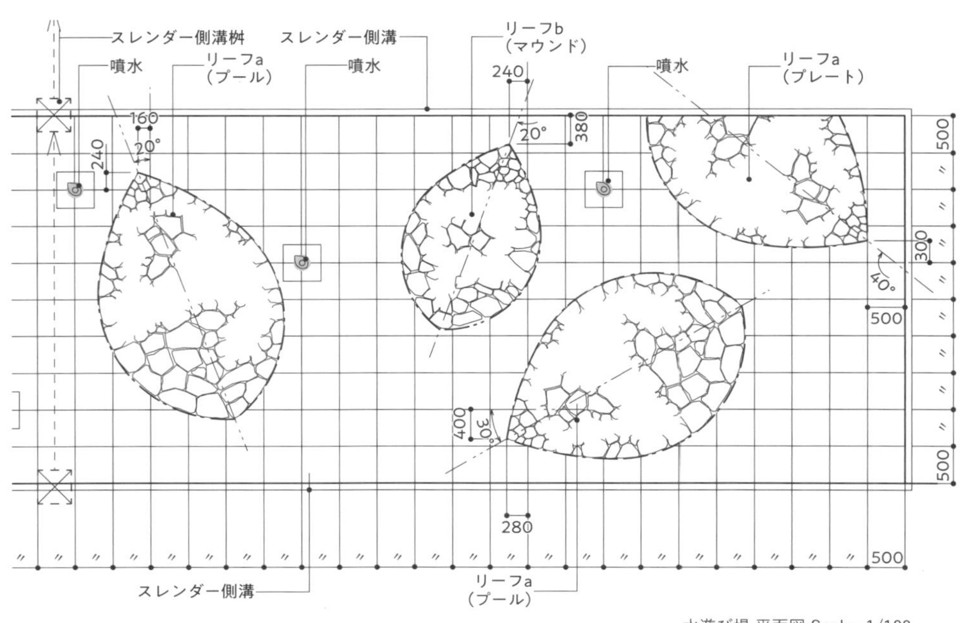

水遊び場 平面図 Scale=1/100

うみとまちをつなぐ新しい広場の全景

■ 七ヶ浜町の復興まちづくり事業における景観再生計画｜まちとうみをつなぎなおす

東北地方太平洋岸の市街地や集落では、東日本大震災の復興事業を通じて海岸堤防が嵩上げされたところが少なくない。また、災害危険区域に指定された海浜部の土地は、津波防災緑地として整備される場合も多く、堤防の内と外をどのようにつなぐかがデザイン上の課題となった。この事例では、堤防の内側に整備される緑地を堤防に腹付け盛土するかたちで造成している。これにより、堤防の天端よりも900mm低い高さに設定された広場に立つと、太平洋の水平線を望むことができる。海岸堤防と津波防災緑地で事業主体が異なるため、さまざまな調整を経て、堤体に構造上の影響を及ぼさないディテールを実現し、広場を介してまちとうみをつなぎなおすことができた。

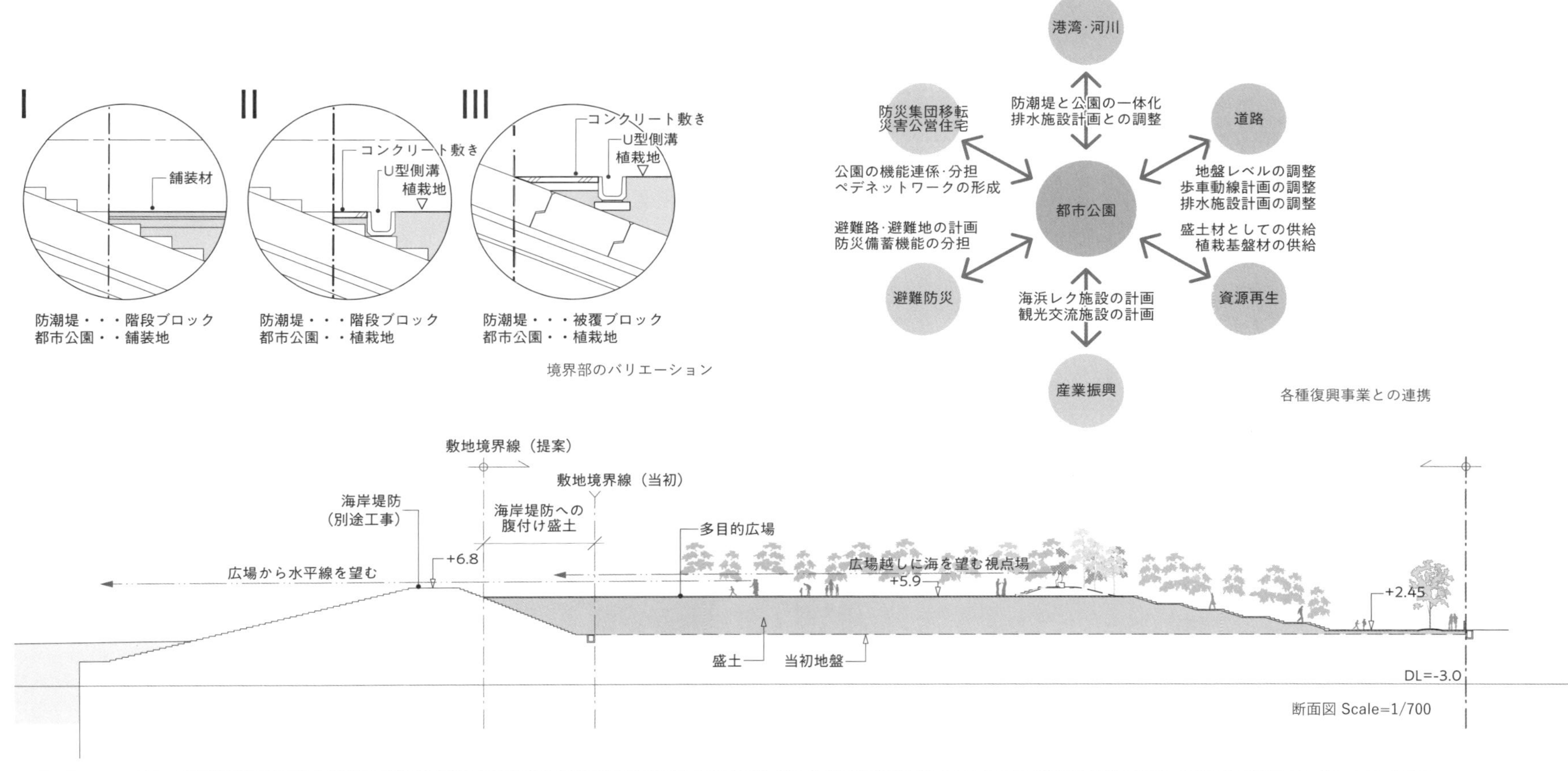

境界部のバリエーション

各種復興事業との連携

断面図 Scale=1/700

広場から水平線を望む

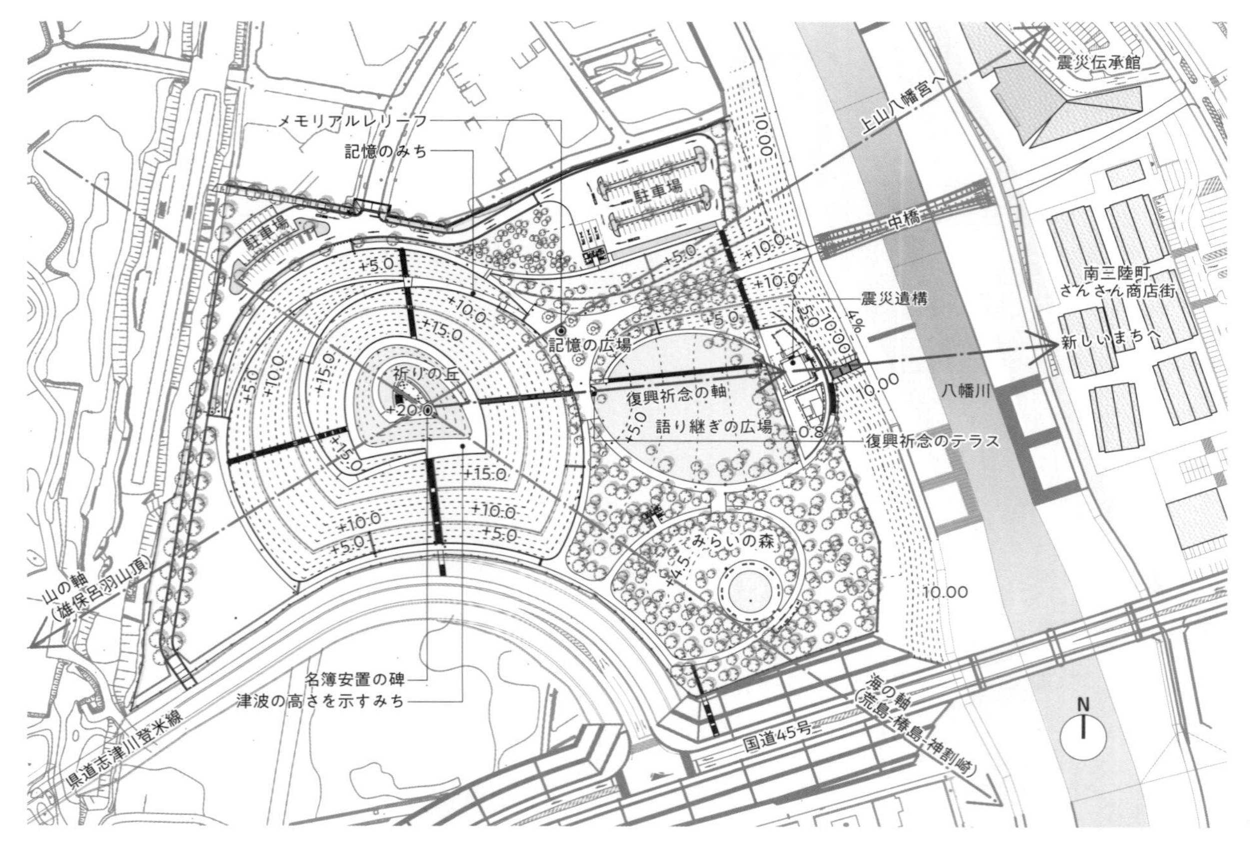

平面図 Scale=1/3500

■ 南三陸町震災復興祈念公園｜忘れない記憶を大地に刻む

大規模な自然災害の被災地では、その記憶と教訓を後世に継承するためのさまざまな場づくりが行われているが、そこでは、記憶に残る明快な造形と景観の全体像をどのように表現するかが常に課題であり続ける。この事例では、大規模な津波の被災によって生まれた沿岸部低平地の広がりの中に、遠景において特に際立つ明快なランドフォームの避難築山を造成するための配置と断面構造が検討された。また、その頂部からの眺望を通じて、被災地のランドスケープが再生されていく過程を確認する場としての設えのあり方も追求されている。遠景におけるランドフォームの造形、視点場からの眺望と場の設えを通じて、人々の記憶が刻み込まれる土地の様相が、都度、立ち現れることを目指している。

海の軸へ向かう名簿安置の礎

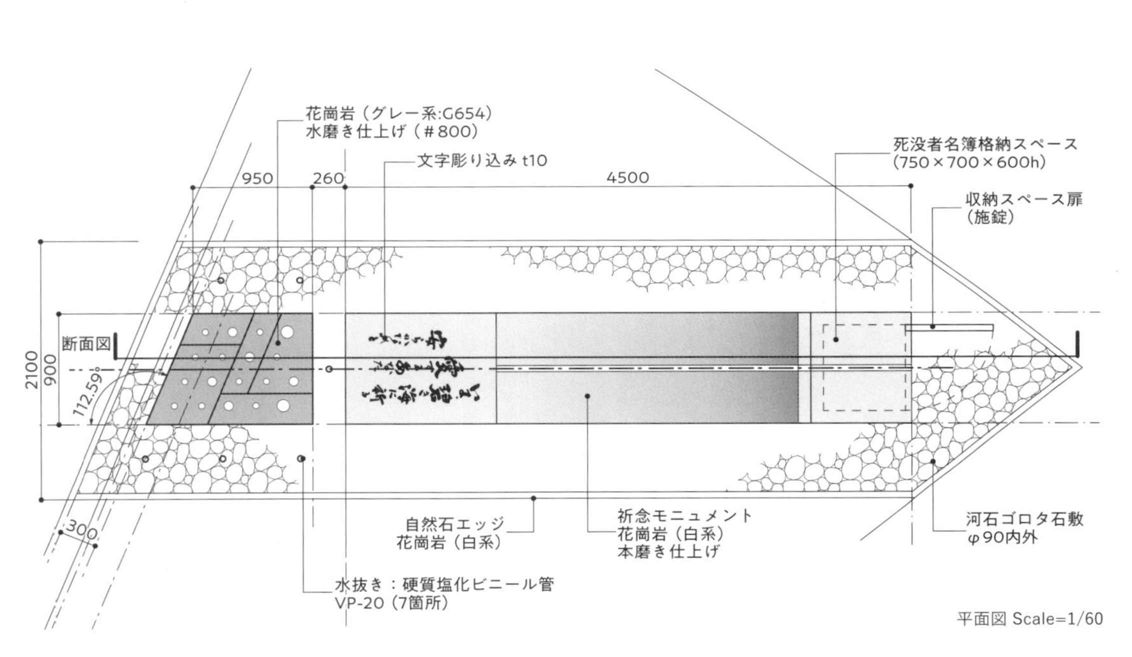

名簿安置の礎

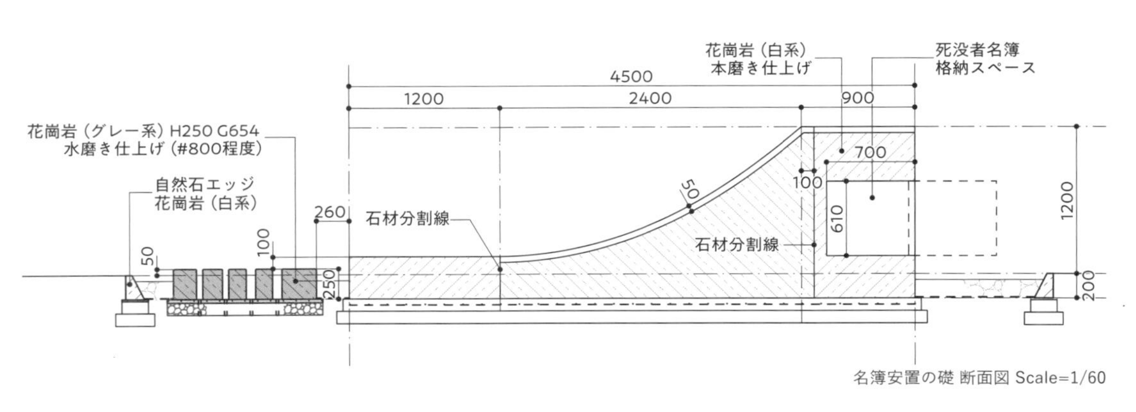

記憶に残る明快なランドフォーム

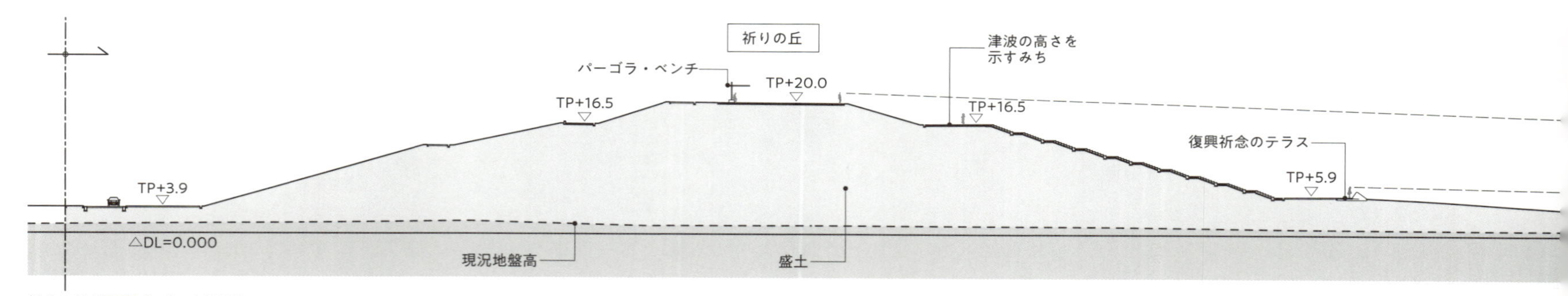

祈りの丘 断面図 Scale=1/1000

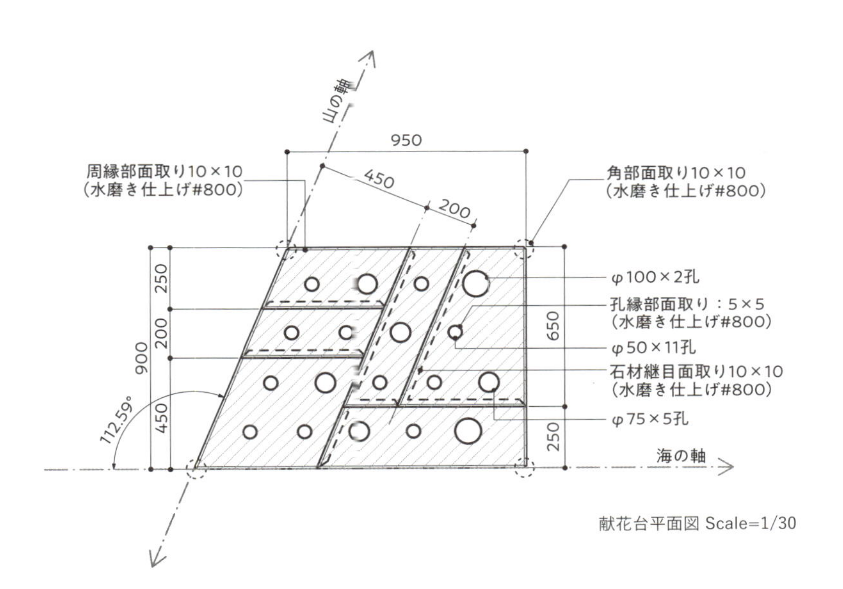

献花台平面図 Scale=1/30

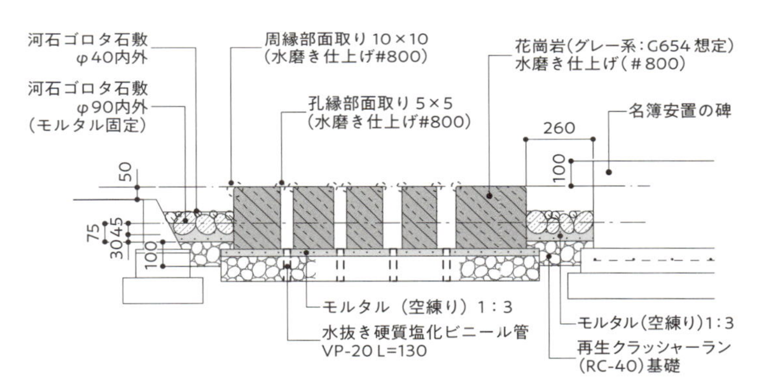

献花台断面図 Scale=1/30

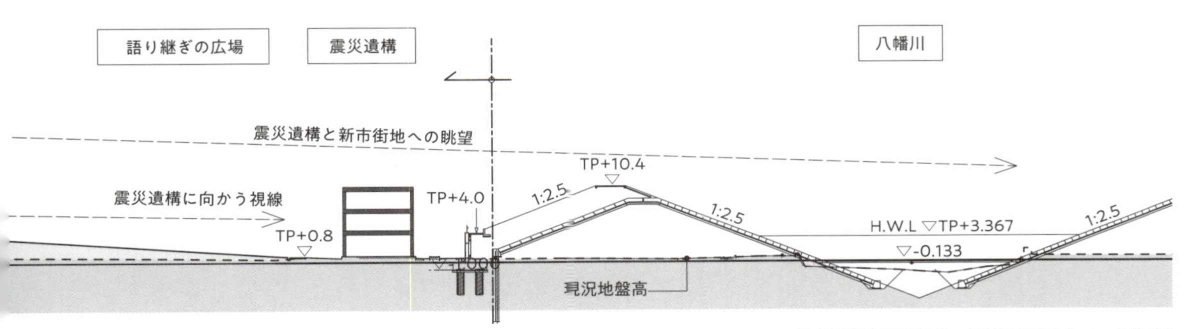

震災遺構と河川堤体の関係 断面図 Scale=1/1000

献花台

column

早稲田大学37号館スペース 早稲田アリーナ
現場で生まれるディテール

本書はディテール集であるから、コンテンツの主役は図面であるべきなのだろう。しかし、設計段階で詳細図をもとに検討していたことが、すべて確実に施工に反映できるとはかぎらない。施工の現場では刻々と変化する状況に対して、その場で、そのタイミングでしかできないディテールデザイン上の判断が求められることがある。むしろ、図面上では検討しきれなかったこと、想像できなかったことに遭遇したからこそ、その課題を解決する過程で新しい素材の使い方や形のおさめ方への着想が生まれ、机上での設計行為とは異なる次元へと設計者を導いてくれるものである。ここではそのような状況への対応のあり方ついて、具体的な事例を紹介する。

1・2：舗装に用いる平板の施工中、端部の取り合いが未施工のまま残されていることに気づく。そこで、平板の敷き込みにかえて、現場の他の部分で使用した割ぐり石を詰めた「あられこぼし」のようなディテールとした。明らかに、舗装面に多様な表情が生まれている。

3：建築躯体上に発生する平板の余白を、リン酸亜鉛処理をほどこした厚さ9mmの鉄板で埋めたもの。早い段階で気づかないと、かなり無理な納まりとなるところを、現場で実測し製作することにより、鉄板を舗装に使用したディテールがアクセントになっている。

4：建築躯体に接する部分では、平板の目地に地被植物を挟み込むことが困難であることを見落としていたケース。目地の交点に発生する円形の隙間を埋めるために、急遽、天端洗い出しの円柱形パーツを製作したが、思いもよらない視覚的効果がもたらされている。

1　未施工のまま残された舗装

2　割ぐり石で詰めた「あられこぼし」のようなディテール

3　鉄板で埋めた隙間

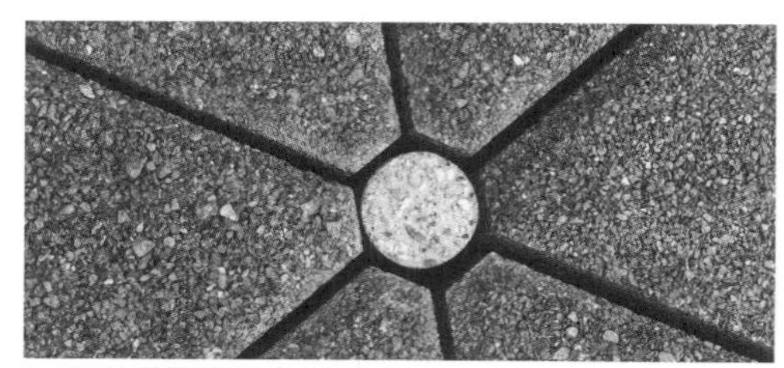
4　円形の隙間を埋めるためのパーツ

5章

物語があること

Narrative & Story

5.1　見えないものを映しだす

歴史を刻んできた土地にはそれぞれ、目には見えない物語が潜んでいることがある。意匠の手がかりをそこに求めることによって気づきが与えられる時、人は時間を超えたその場所とのつながりを感じることができる。

採石場で敷き並べられた恵那石

風呂場から見た石積み

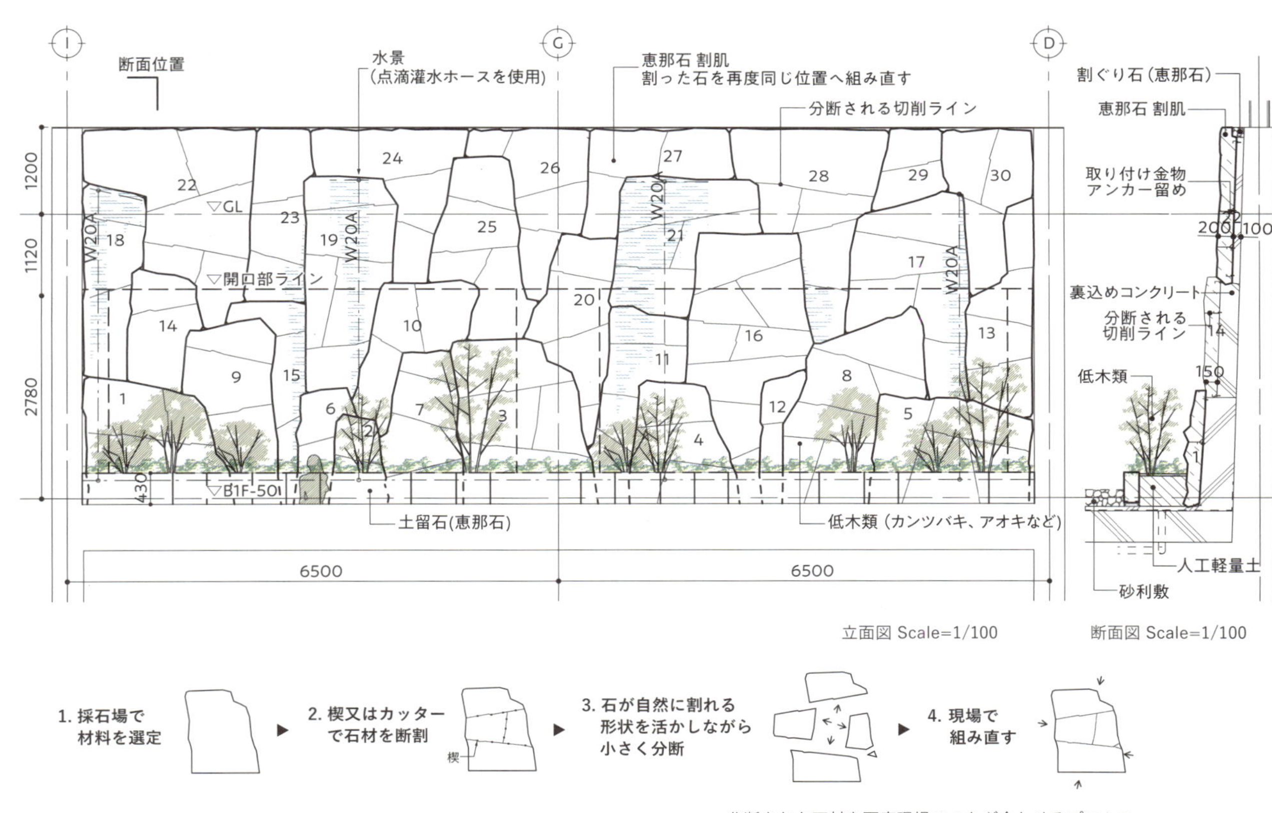

分断された石材を再度現場でつなぎ合わせるプロセス

■ SIX SENSES KYOTO | 東山を映しだす石積み

京都の東山の山裾から尾根へのつながりをコンセプトとして設計された複数の庭を持つ、町家のようなホテルである。地下1階に計画された大浴場のドライエリアには、奥行き2m程の限られたスペースの中で、東山の渓谷や滝を表現した。岩肌が露出した山の風景を彷彿させるために、花崗岩の節理や凹凸、模様を活かして組み上げている。スラブ状に切削された恵那石を採石場で幾度も調整を行い仮置きし、事前にカッターや楔で割ることで、一度小さく分断された石材を再度現地で繋ぎ合わせ、奥行きがない空間での施工を可能にした。石が割れる形状を活かすことで、厳しい現場の条件を逆手にとって、背後にある東山の自然を映しだしている。

日本橋川の蛇行に沿う遊歩道のかたち

■ 大手町川端緑道｜江戸のエッセンスを織り込む

都市河川に沿って整備された全長約780mの歩行者専用道路である。都心における水と緑のネットワークの一端を担えるだけの緑量を確保した上で、保水性舗装や照明などにより、光や陰、温度や湿度などが快適な状態に近づくことを目指した。また、地域の伝統を映す「江戸小紋」をモチーフにした石張舗装を景観要素として取り入れている。新緑や紅葉、花の香り、木漏れ日などが楽しめる緑の中でのさまざまなアクティビティは、一幅の絵巻物のような風景を紡ぎ出す。緩やかに蛇行する日本橋川に沿った敷地形状と立地特性を手がかりとして、絵巻物特有の帯状の形態を丁寧に折り込み、曲線との間に生まれる隙間をリニアな歩専道のアクセントとしている。

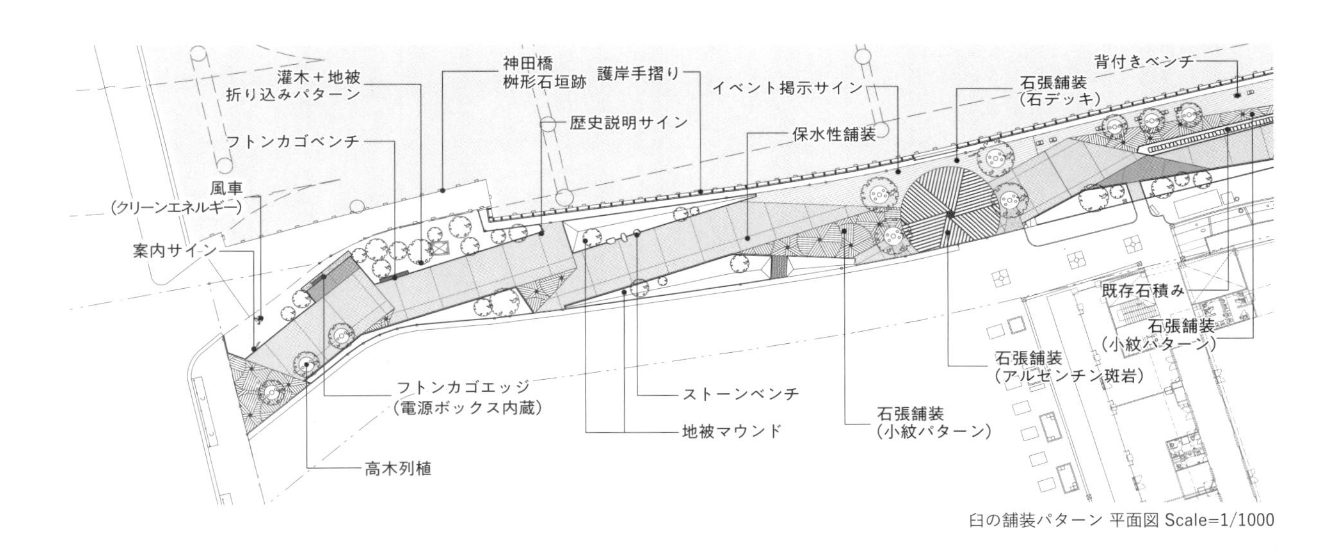

臼の舗装パターン 平面図 Scale=1/1000

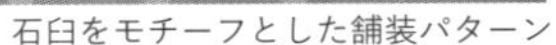

石臼をモチーフとした舗装パターン

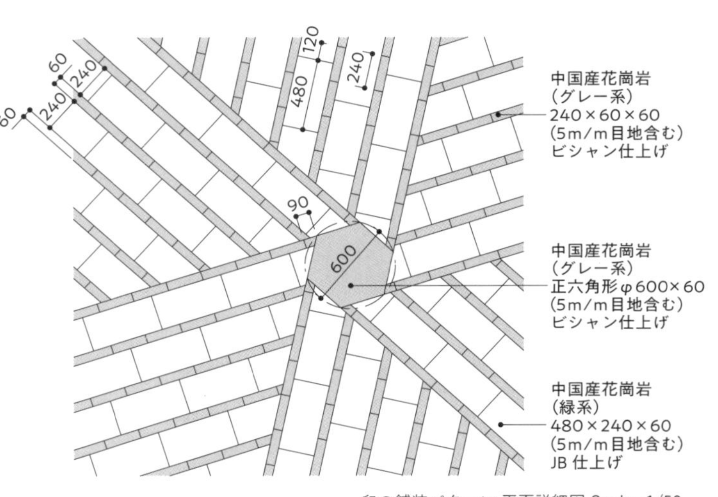

臼の舗装パターン 平面詳細図 Scale=1/50

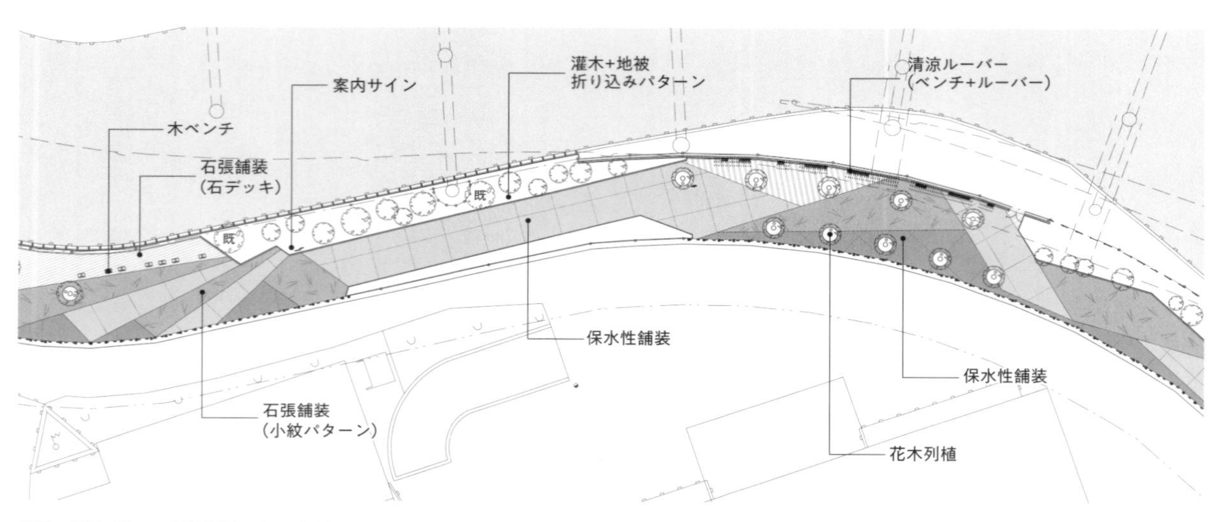

松葉の舗装パターン 平面図 Scale=1/1000

遊歩道の奥行感

松葉の舗装パターン

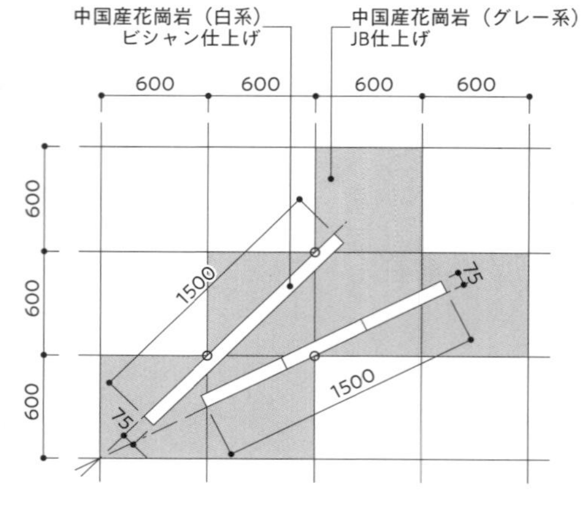

松葉の舗装パターン 平面詳細図 Scale=1/50

植栽地端部のプレート

水盤と芝生によるフラットな広場

水盤に表現された江戸小紋

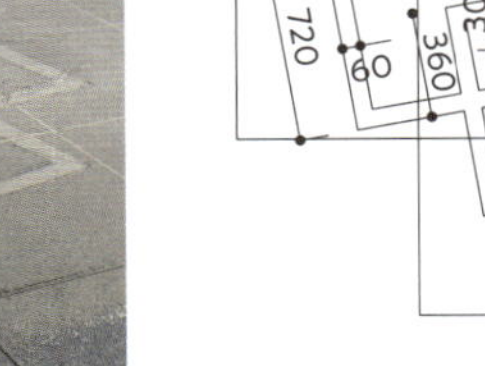

水盤角つなぎパターン 平面図
Scale=1/50

■ GINZA SIX ｜ふたつの文化を組み合わせる

東京の銀座は、日本の社会が本格的に西洋と交錯した最初の街である。そのことに因み、ここでは江戸の庭園文化と欧米の広場文化の融合をデザインコンセプトとした。中央には水盤と芝生によるフラットな広場を配置し、その両側では、江戸の大名庭園を彩ったサクラとモミジによる疎林が、春と秋で異なる季節感を醸し出す。これらの広場や疎林には、代表的な江戸小紋の一つである「角つなぎ」をデザインモチーフに採用することで、全体に統一感を与えた。水盤の中に浮き上がるパターンや、疎林内の鉤型の園路形態のほか、歩行空間の安全性のために面取りした植栽地端部のプレートにも、それとなく同じモチーフを潜ませている。

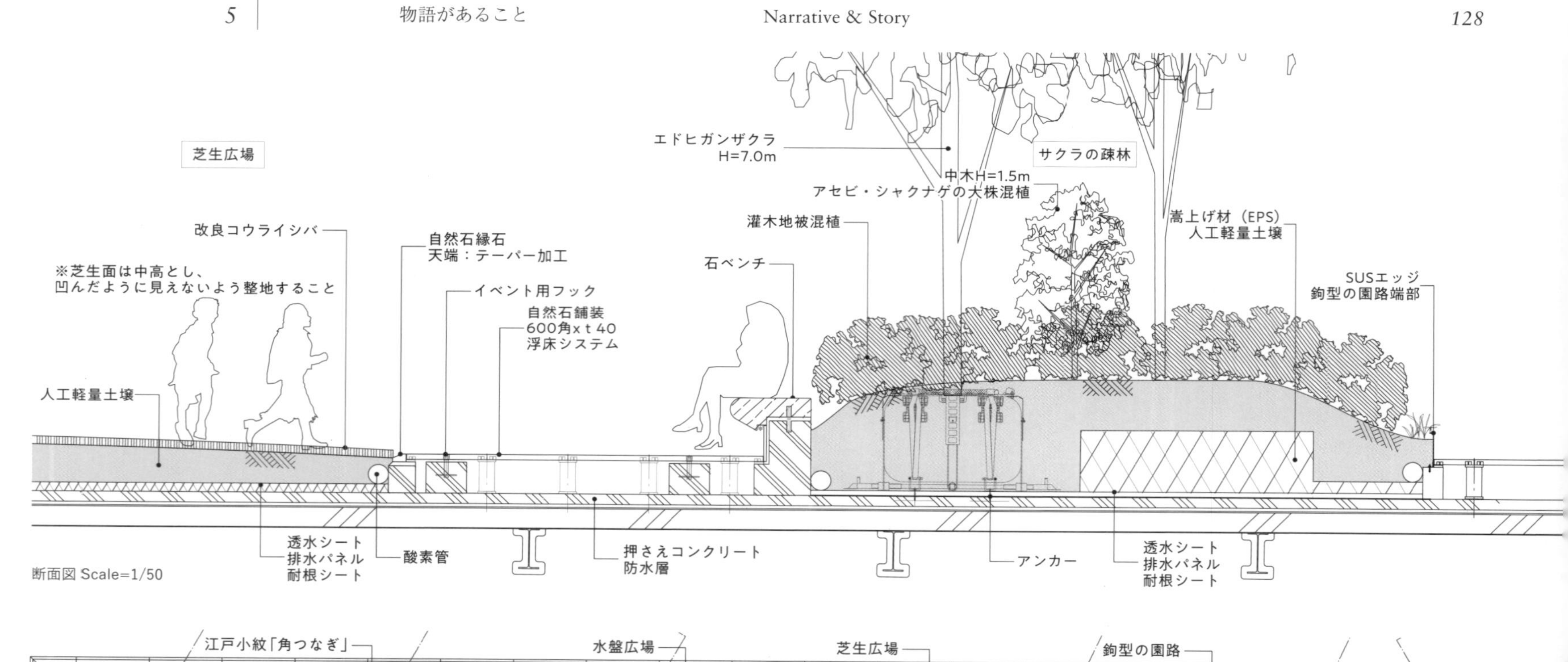

断面図 Scale=1/50

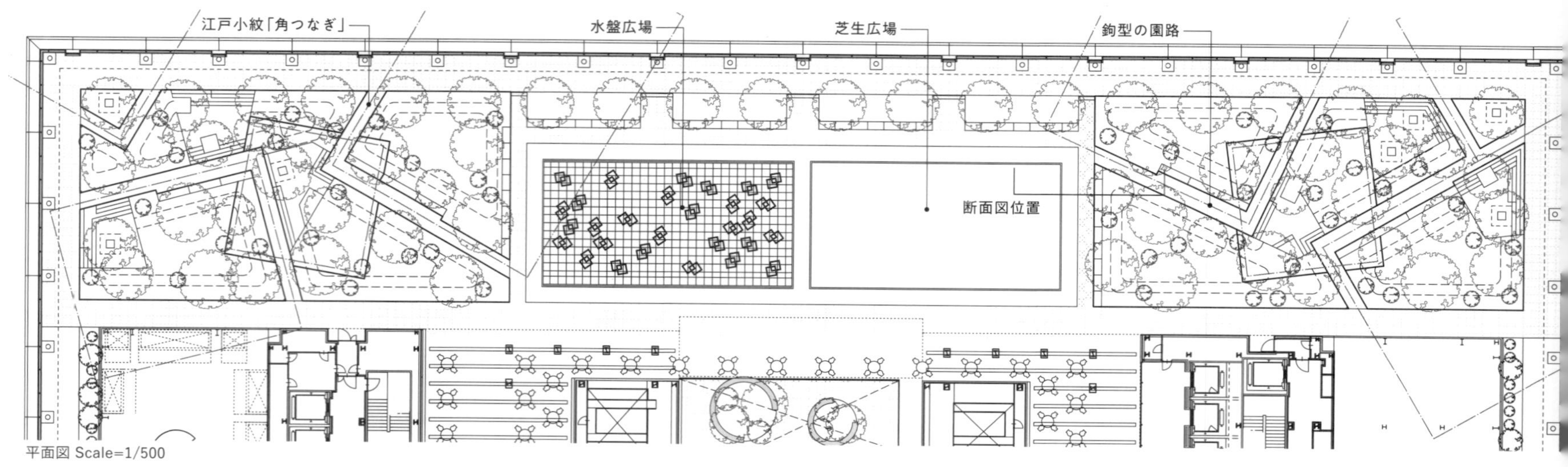

平面図 Scale=1/500

5.2 離れたときをつなぐ

歴史的な環境の中では、過去と現在をつなぐ要素を見いだすことによって、そこに固有の物語が発現するきっかけが得られる。それらは、位置と役割が変わったとしても、時を超えて場所の記憶を伝える媒体となる。

マウンドを前景とする段丘上部からの眺望

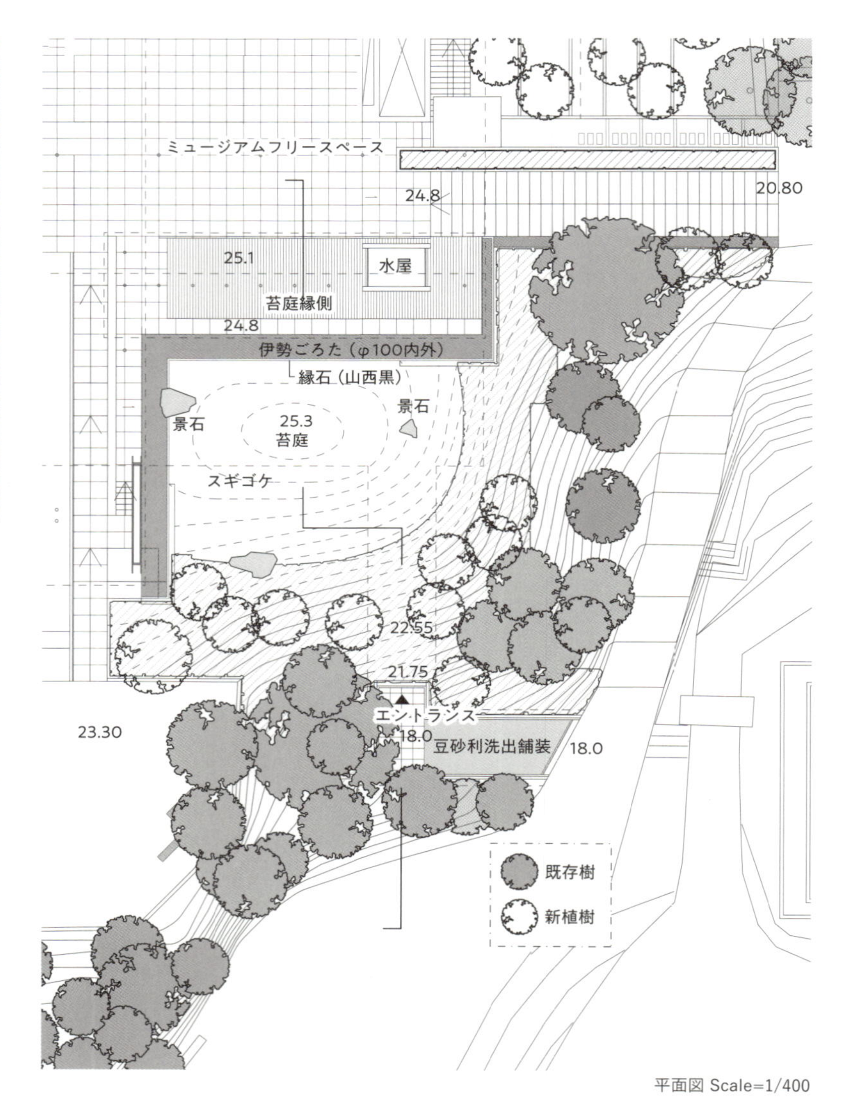

平面図 Scale=1/400

■ 平等院鳳翔館｜1000年を回遊するシークエンス

ユネスコの世界遺産に登録された寺院境内の景観の中に、新たに挿入された現代的空間を違和感なく同化させ、歴史的風致の保全と再生をはかるためのディテールである。歴史的景観の基盤となる河岸段丘の微地形と斜面上の既存樹をできるかぎり保全するために、地上と地下構造物の配置や断面を微調整しつつ、人工地盤上に発生する盛土の断面形状に細心の注意を払った。この斜面の微地形と植生の連続性によって、境内を回遊する一連のシークエンスの中に新しい空間がしっくりとおさまり、現在に至る1000年という時間の流れを空間体験の中に感じることができる。緩やかな苔のマウンドを前景とする段丘上部からの眺望もまた、歴史に向けられた現代の眼差しを体現するものに他ならない。

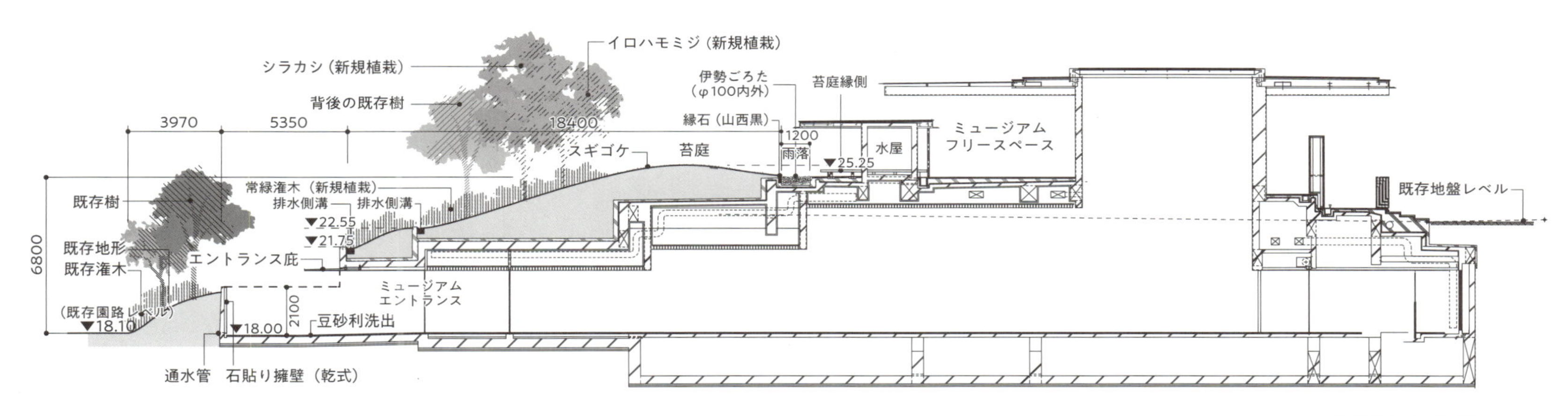

断面図 Scale=1/300

苔庭から斜面に続くランドフォームと植生

人工地盤上に計画された斜面の微地形と植生の連続性

砕石敷舗装の施工のようす

遺構の平面形をなぞるような砕石敷舗装のデザイン

石の形を見極めながら据えていく

■ 新宮市文化複合施設（丹鶴ホール）｜重層する歴史を表出させる

歴史的な都市や地域では、中世から近世、近代を経て現代に至るさまざまな遺構が積層していることがある。この事例では、そのような状態にある敷地の大部分が駐車場になることから、遺構を文化財として確実に保存するために舗装下に覆土をすることが求められた。そこで、地下遺構やかつてそこに存在したであろう空間を想起させるための現代のレイヤーを重ね、場の歴史と記憶を表現しようと試みている。具体的には、発掘調査により確認された石積みや遺構の平面形を垂直投影した範囲の舗装を砕石に置き換えることや、構造物には掘削量が大きくなるコンクリートの使用を極力避け、遺構にダメージを与えにくいフトンカゴの土留めやエッジを採用することなどにより、あくまで現代のレイヤーとして設えている。

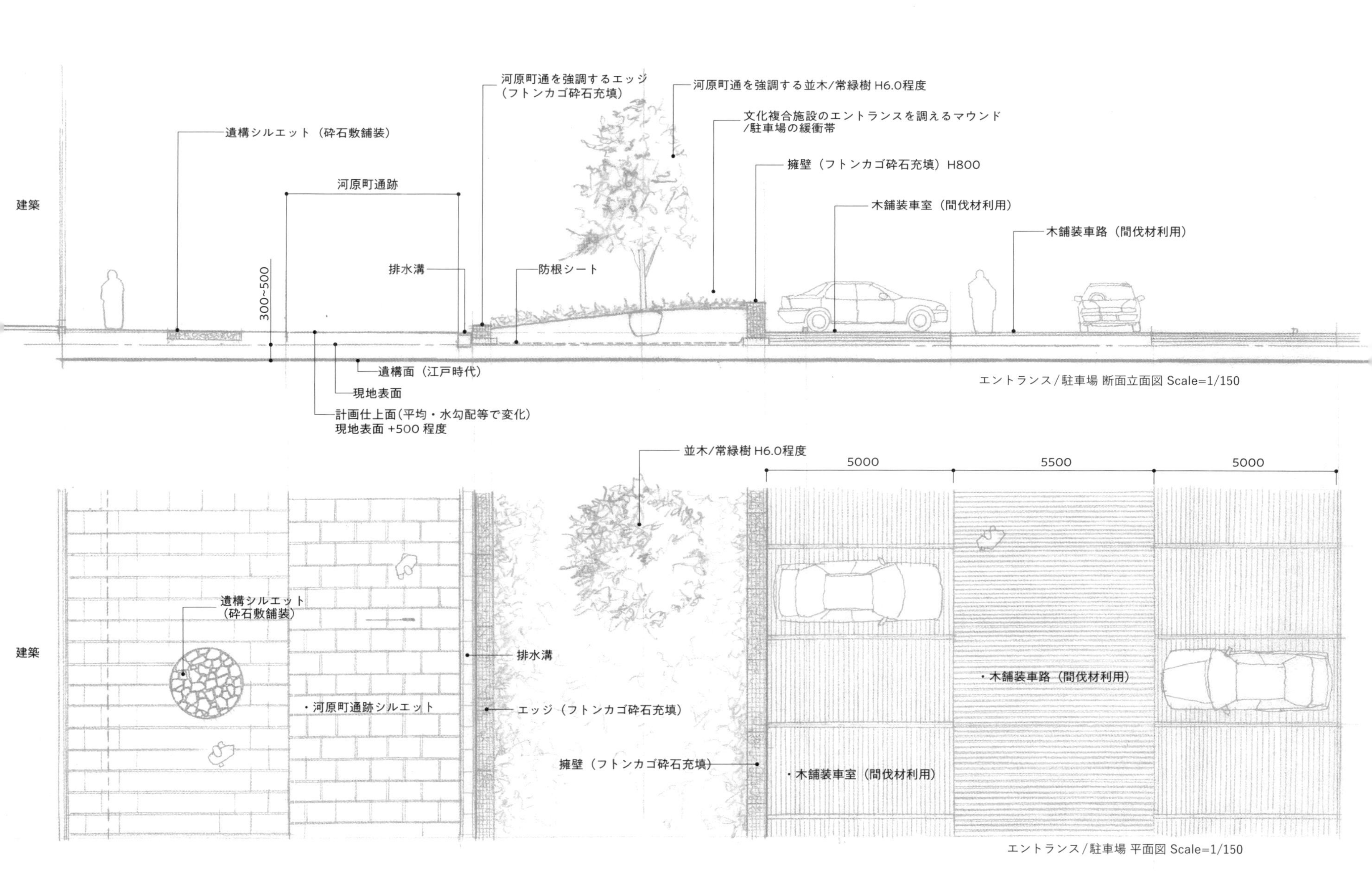

エントランス/駐車場 断面立面図 Scale=1/150

エントランス/駐車場 平面図 Scale=1/150

敷地内の材料を再配置して設えられた庭園

着手する前の藪化した園内

回遊式の園路：既存の園路になぞらえて整備
既存樹：間伐や整枝剪定
飛石：園内のもの再配置
石橋：据え直し
護岸石積み：積み直し
延段：はずしものを利用

平面図 Scale=1/400

■ 林田大庄屋旧三木家住宅｜風景を受け継ぐ

江戸時代初期に建てられた大庄屋の建築の保存修理事業に合わせて、庭園の復元整備が行われた。長期にわたって手入れされていなかった池泉廻遊式の庭園は、着手時には藪で埋め尽くされた状態にあった。そこからいかに整備を進めるかが課題となったが、地域の環境資源を受け継ぐこと前提に、敷地内にある材料を活用することにつとめた。庭の借景として遠景の山並みが見えるように高木は間伐と整枝剪定をほどこし、樹下に陽の光が入るようにした。石材は飛石、灯籠、塔、石橋、池の護岸石積みなど既存のものを調査し、補修と再配置を行った。住宅の式台に続く延段には、敷地内の「はずしもの」の石材を利用し、当初の利用方法では破損して使えない材料を有効利用している。

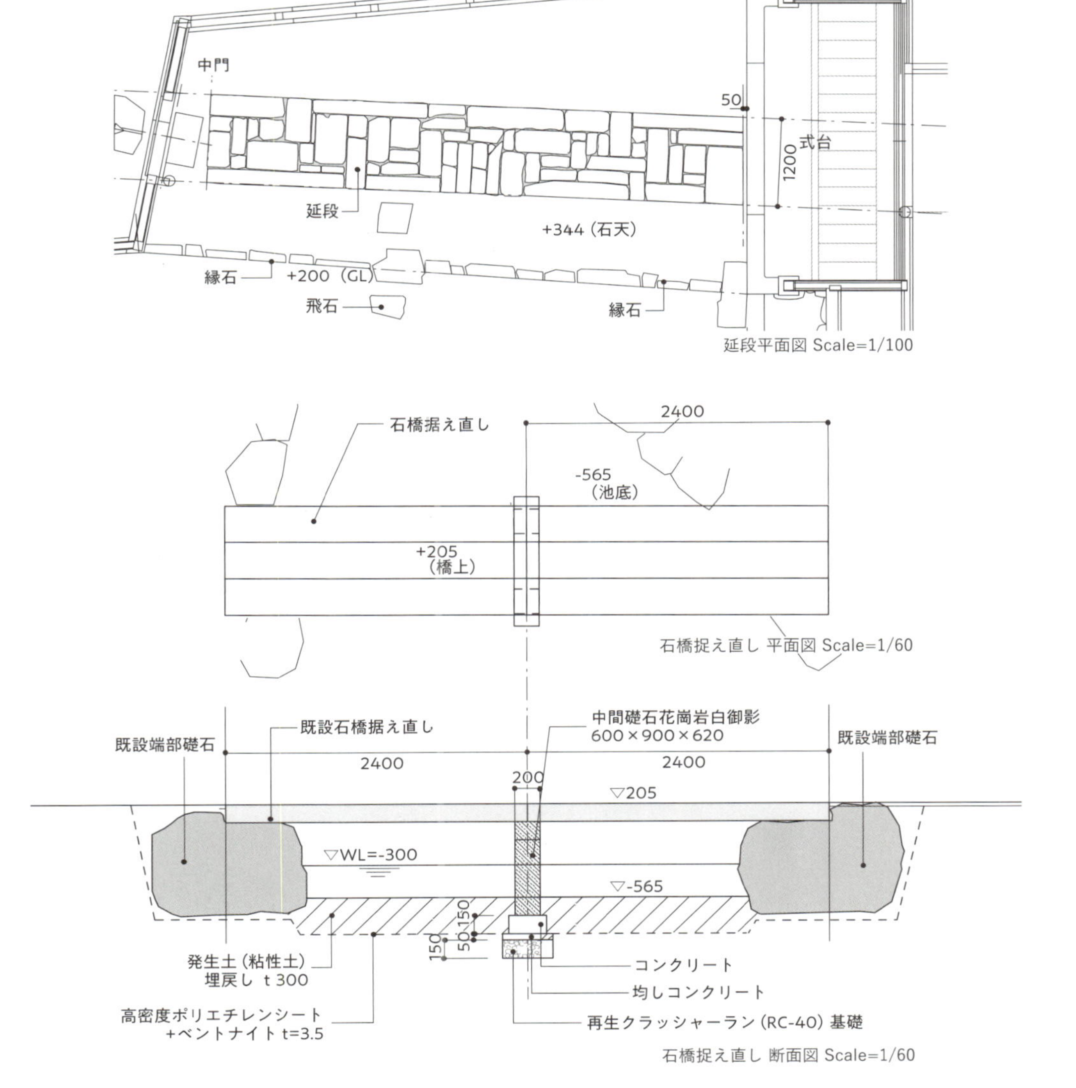

延段平面図 Scale=1/100

石橋捉え直し 平面図 Scale=1/60

石橋捉え直し 断面図 Scale=1/60

施工中の延段

施工後の延段

「はずしもの」の石材

据え直した石橋

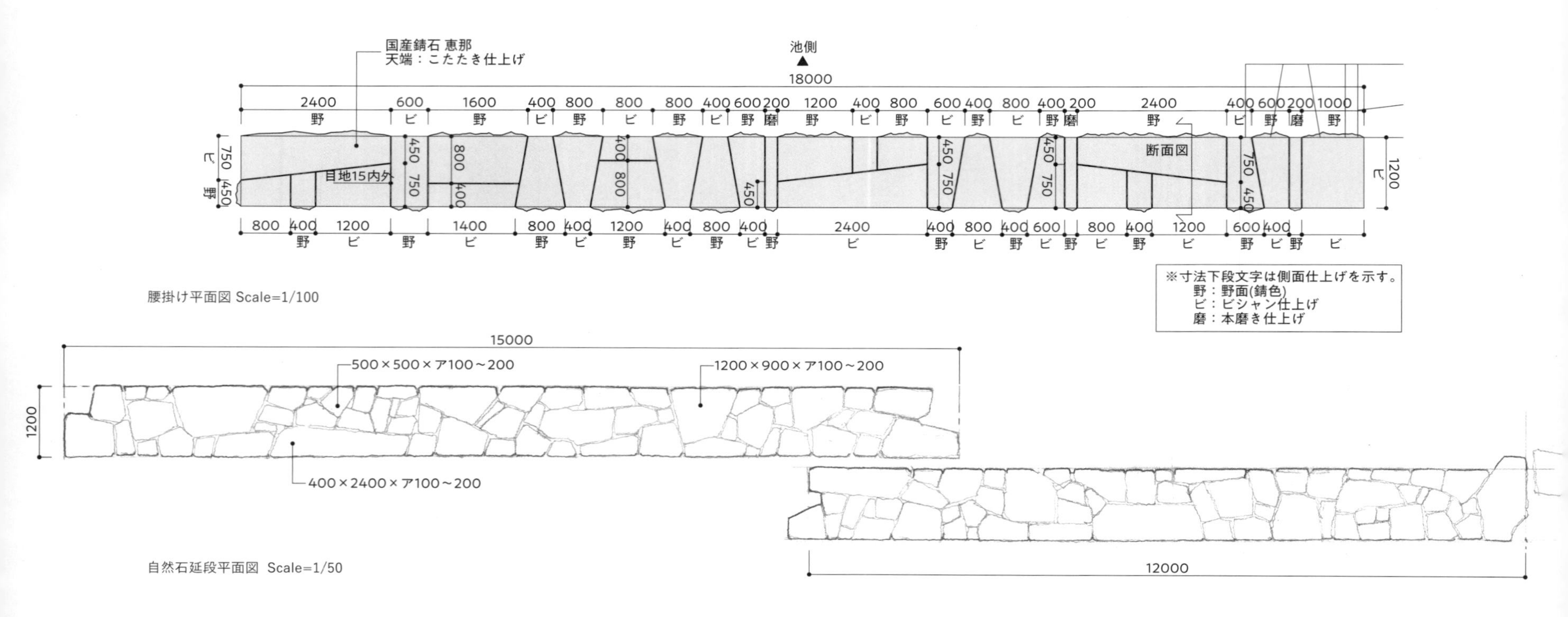

腰掛け平面図 Scale=1/100

自然石延段平面図 Scale=1/50

■ 東京国立博物館庭園再整備計画｜時代に合わせて変わり続ける庭

長い時間をかけて育まれた巨樹と複数の茶室の価値を最大限に活かすことによって、伝統と品格を備えた空間を再生した。歩きやすく変化に富んだ園路に沿って四季折々の草花や新緑、紅葉などが立ち現れ、華やかな中にも落ち着いた雰囲気のもとで来園者をもてなす空間となっている。庭の中心となる池と博物館のあいだで来園者を待ち受ける腰掛けは、大判の瀬戸内海産花崗岩を敷き詰めた延段とともに、長く直線的なボリュームとして庭と建築をつないでいる。この腰掛けは、池周りの急勾配の斜面を緩やかに造成して平坦部をつくり出す土留と、座って池を眺める場所の機能を併せ持つ。建築壁面の色に合わせて選んだ恵那の錆石は、できるだけ自然肌の部分を活かすように心掛けた。

石のさまざまな仕上げを組み合わせた腰掛け

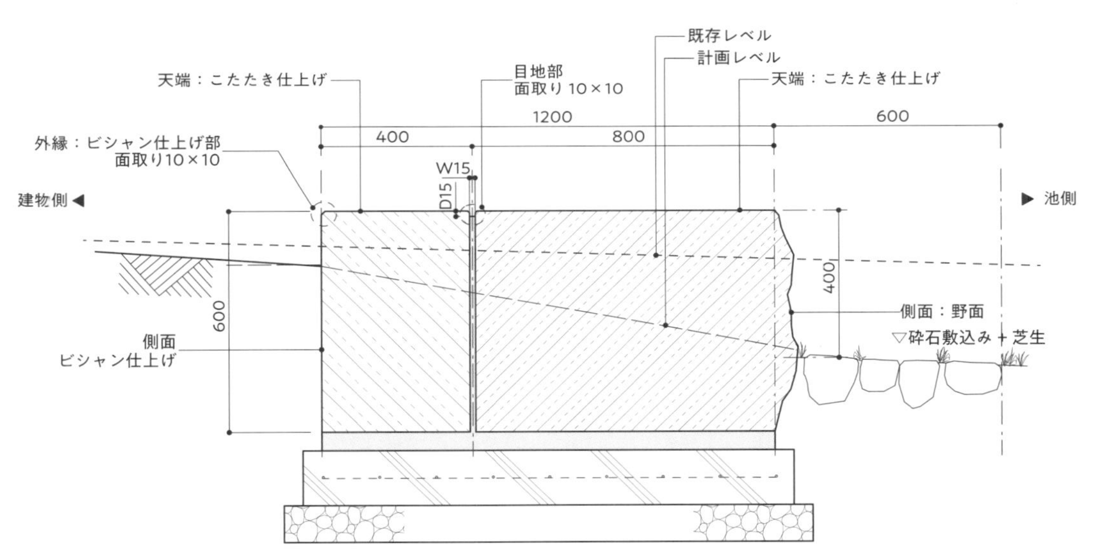

腰掛け断面図 Scale=1/20

池の対岸から見た本館と長く伸びる腰掛け

サクラと腰掛け

保存建築の上につくられた屋上庭園

■ 九段会館テラス｜やさしく重ねる

歴史的な建造物を現代社会のニーズに最適化して保存・活用するアダプティブユースの考え方に基づき、建築の上部を屋上庭園として積極的に利用した事例である。さまざまな歴史が積層した建物の上に、新たな時代の利用をやさしく重ねるディテールを検討した。特に建築防水層の保護コンクリートすらも使用できない荷重制限に対して、舗装や植栽地のエッジなどを極力軽量化するディテールを採用している。場の印象を大きく左右する植栽地のエッジは、L型の溶接金網の上にスチールプレートを被せることで、荷重を抑えながら重厚感のある雰囲気を醸し出している。舗装についても、必要な荷重に対応した厚さ20mmの大判タイルによる浮床システムにより、上質な印象を維持している。

重厚感のある植栽地のエッジ

鋼製乾式のディテールを活かした照明計画

すべて鋼製乾式による舗装とベンチ

溶接金鋼と特注スチールプレートの納まり

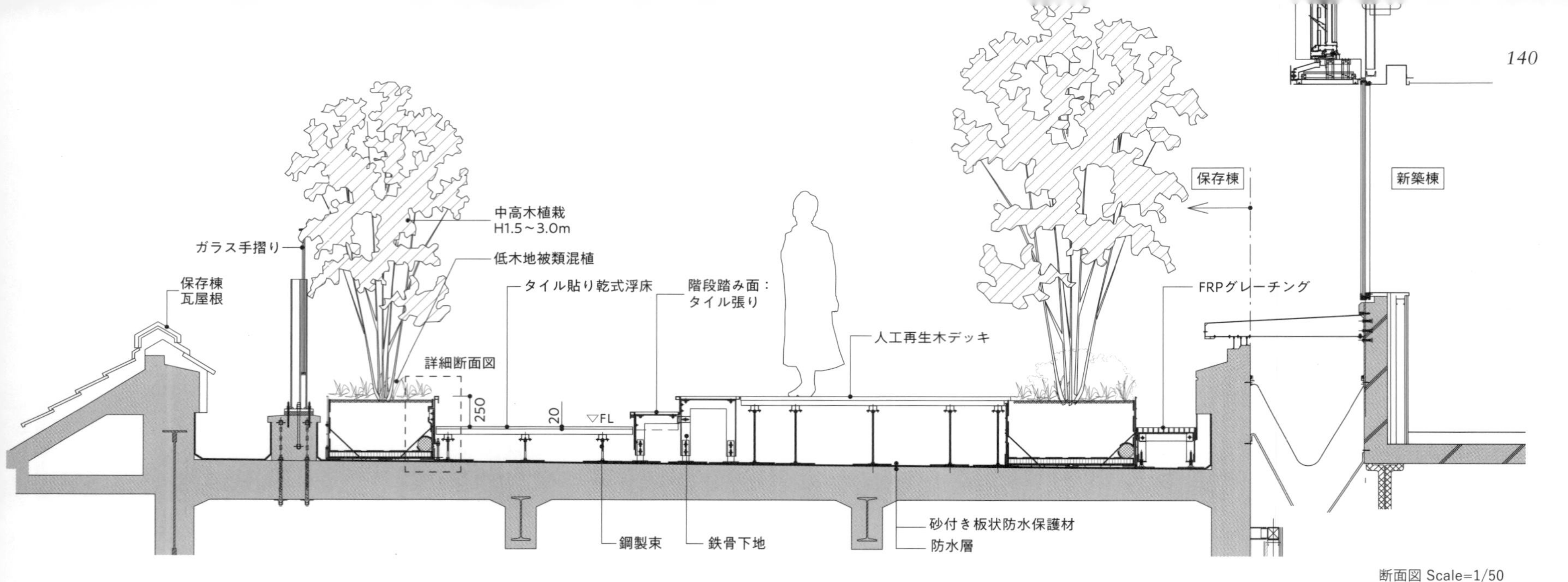

断面図 Scale=1/50

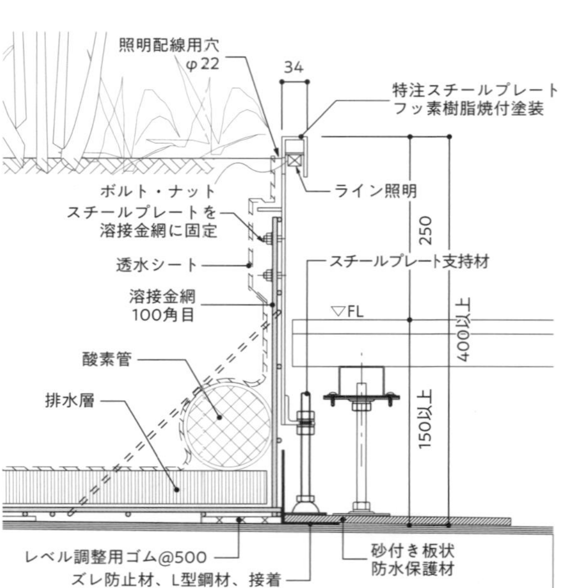

詳細断面図 Scale=1/10

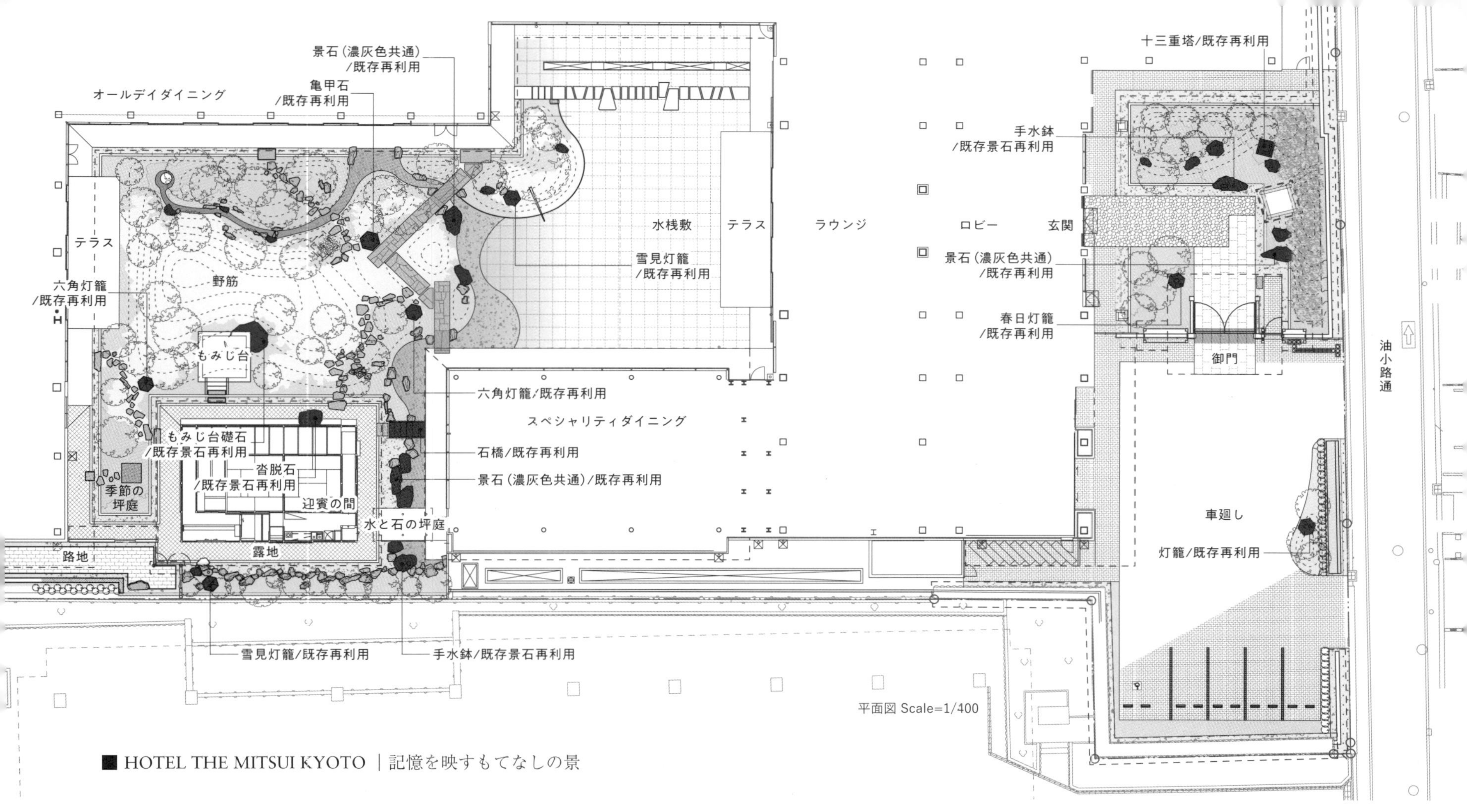

■ HOTEL THE MITSUI KYOTO ｜記憶を映すもてなしの景

庭園を構成するさまざまな要素を、新たな空間の中に移設し再利用することは、特に近代の日本庭園ではよくみられた技法である。この事例では、その技法を空間全体の再構成に援用し、旧庭園から継承された夥しい数の景石、灯籠や手水鉢などの石工品、舗装材などを個別のパーツとして目録化した上で、それらを施設配置計画の平面や断面の中で再配置した。その際に注意したことは、「あるべきものが、あるべき場所に、あるべきように」配置することであり、奇をてらうことを良しとしないことである。また、それぞれの要素のあいだに設定した適度な間合いや余白の存在によって、その場を訪れる人々が各々の物語（ナラティブ）をつむぐことができるように期待している。

旧庭園から継承した石材を用いた飛び石

継承した石材を用いた手水鉢（水と石の坪庭）

継承した石材を穿った手水鉢と筧（エントランス）

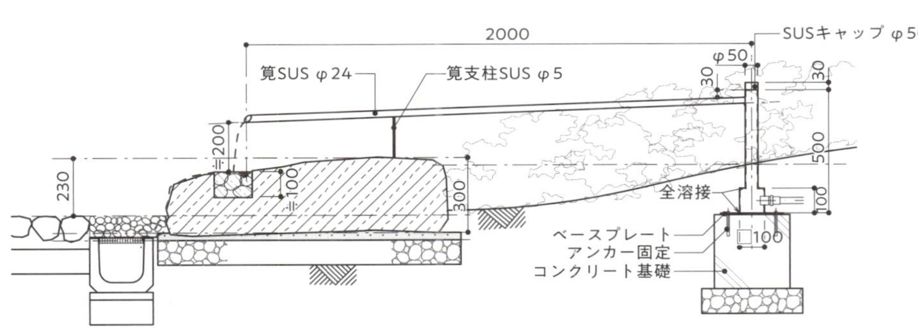

断面図 Scale=1/30

現場監理時に記した孔の位置

5.3　みどりを受け継ぐ

その場所に存在し続けた木々に代表されるみどりは、土地の履歴を最も雄弁に物語る。みどりをとりまく周辺の環境が大きく変貌しようとも、成熟したその存在は、人が個人の想いを綴るための依り代であり続ける。

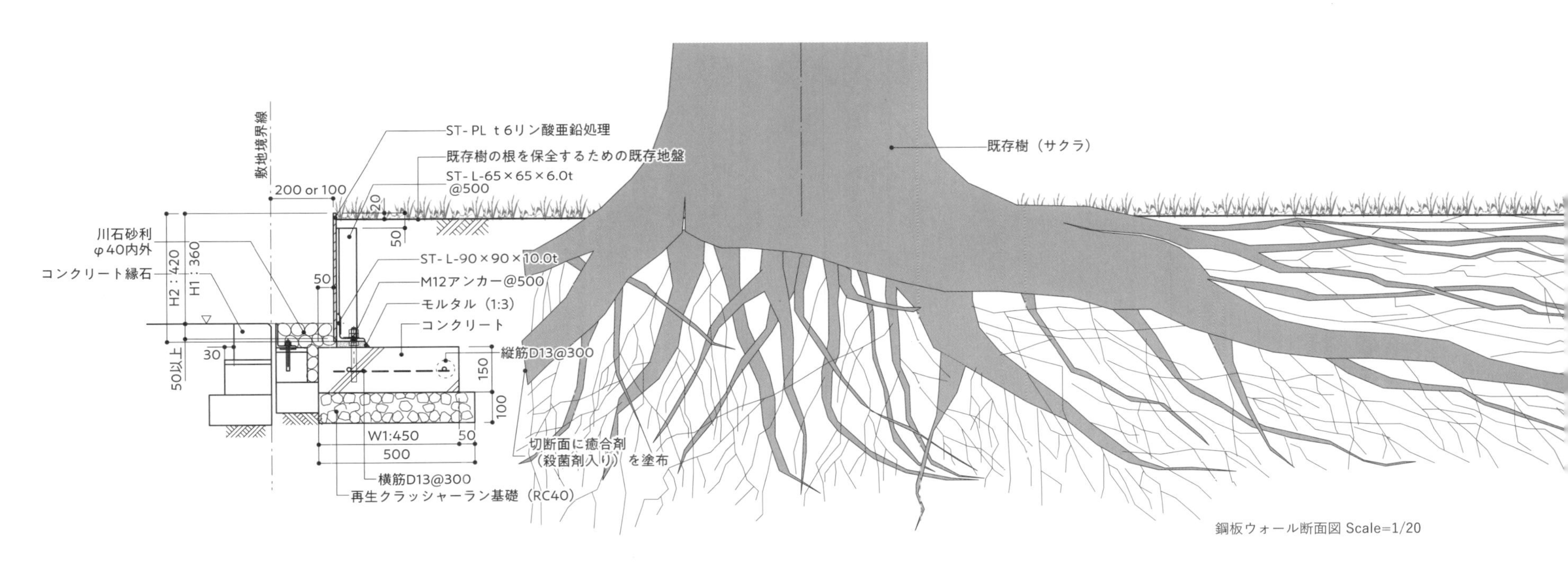

鋼板ウォール断面図 Scale=1/20

■ 東北大学片平キャンパス片平北門会館｜既存地盤を保つ鋼板ウォール

大学キャンパスの生協施設を、レストランや地域連携のためのセミナースペース、留学生の宿泊施設に建て替えるプロジェクトである。長年親しまれたこの場所の歴史と記憶を継承するために、大学キャンパスとともに生長した3本のサクラの巨木を保存した。サクラの根系を保護するためには、枝張りに合わせた既存の地盤面を確保する必要があり、従前の道路との高低差を維持しつつ鋼板ウォールで高低差を処理した。厚さ9mmの鋼板は、従前のコンクリートウォールよりもはるかに薄く、根系の伸長スペースを確保することで持続可能な生長を担保することができる。また、高さ約300～800mmのウォールの垂直面は、サクラの枝や葉の影と木漏れ日を映すスクリーンにもなっている。

鋼板ウォールに映るサクラの葉影

鋼板ウォールに映えるサクラの葉影

旧知事校舎の雑木の庭

葉が鋳込まれたアルミパネルを用いた門扉

雑木林の葉が鋳込まれたアルミパネル

■ 高志の国文学館｜土地に固有の風景を描く

富山県の旧県知事公舎にあった閉ざされた雑木の庭を、新たに整備されるミュージアムと共有する庭園としてリノベーションすることがこのプロジェクトのテーマであった。既存樹林を構成する個々の樹木を再評価し、伐採と剪定、更新、林床整理など適切な管理を行うことにより、垣入（かいにょ）と呼ばれる富山の屋敷林を思わせる環境を再生した。また、ファニチャーなどには、随所に富山の基幹産業であるアルミ鋳物を採用しており、たとえば新たな門扉に組み込まれたアルミパネルには、越中万葉に詠まれた植物であり、雑木林の構成樹種であるヤマボウシやイロハモミジなどの葉が鋳込まれている。庭園の再生と共に、和歌を通じた地域固有の文化と風景の伝承に寄与することを目指したディテールとなっている。

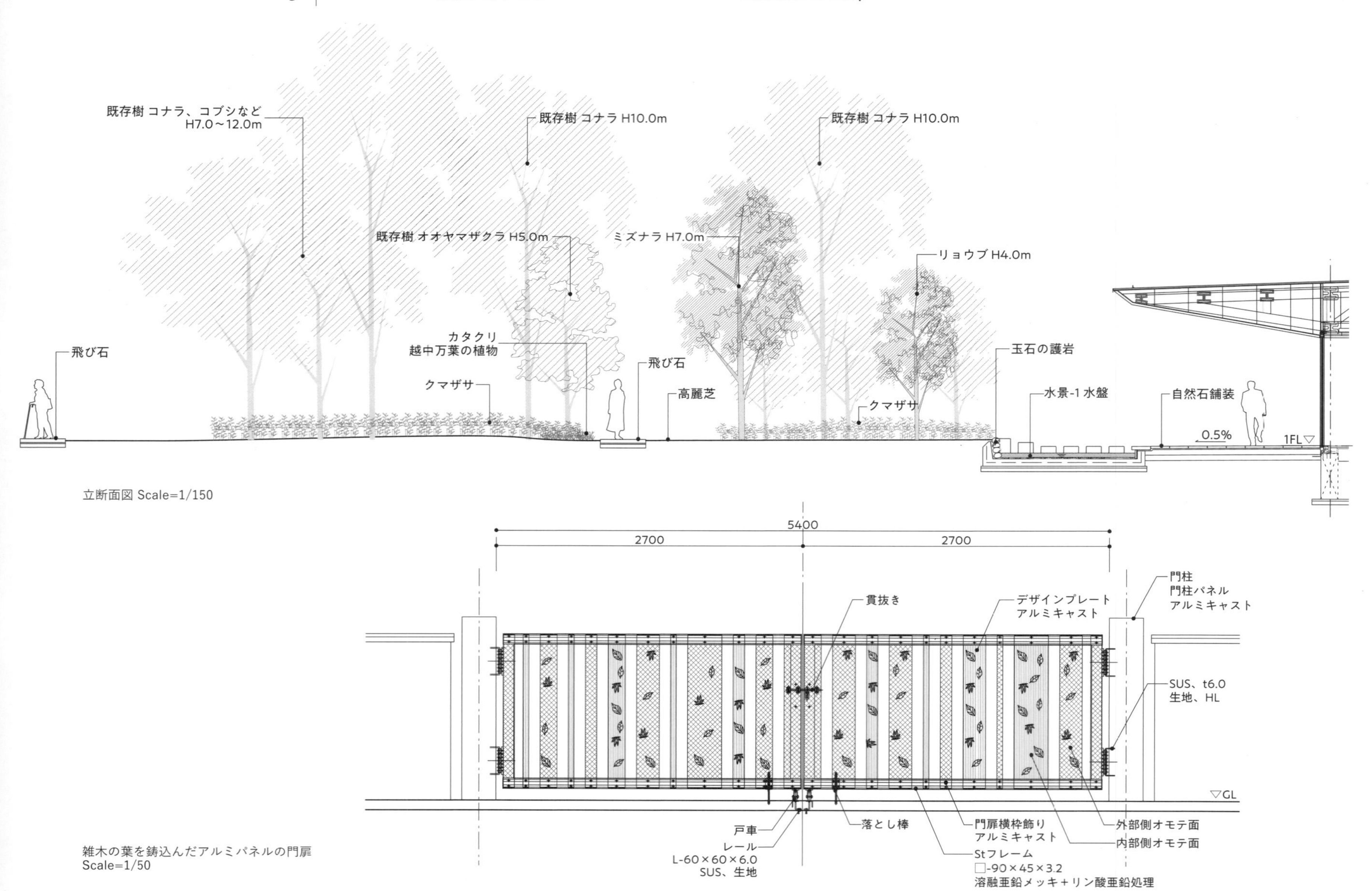

立断面図 Scale=1/150

雑木の葉を鋳込んだアルミパネルの門扉
Scale=1/50

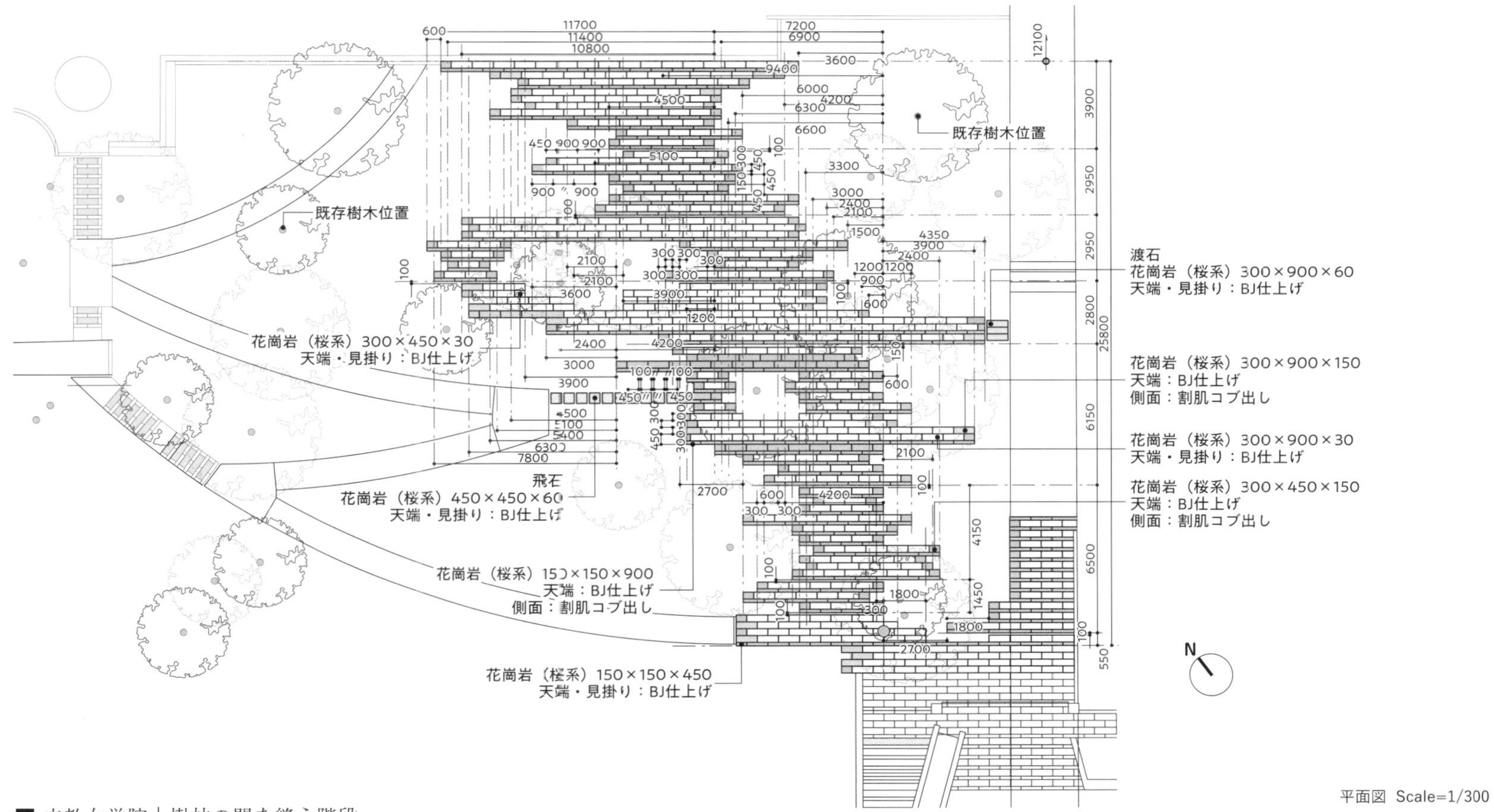

■ 立教女学院｜樹林の間を縫う階段

長い伝統を持つ学院の敷地は、良好な住環境が広がる地域にあっても特に豊かな緑量が維持されている。校舎の新築にあたって学院のアイデンティティを継承するために、既存の樹林を効果的に保全し、さらなる環境の向上と地域への貢献を目指す方針が確認された。メインエントランスから続くアプローチには、緑豊かな学院のイメージを受け継ぐ大切な樹林がある。幅の広い階段によって人の動線を確保しつつ、既存樹の保存を両立させる設計とするため、現場において個々の樹木の位置、斜面の勾配と根元の高さを正確に測量した。樹木の太い幹の間をすり抜けていく動線では、階段踏面の幅も変化し、回り道を余儀なくされるが、かえってそのことが豊かな緑の空間体験をもたらしている。

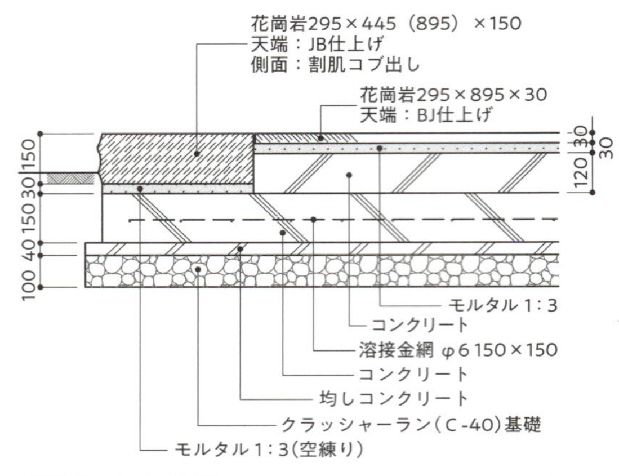

A断面図 Scale=1/25

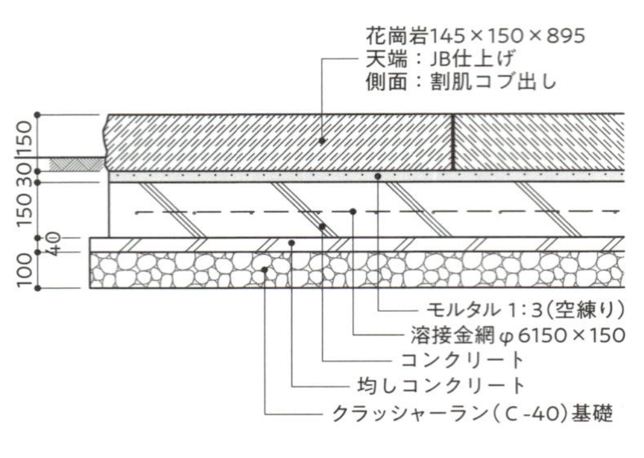

B断面図 Scale=1/25

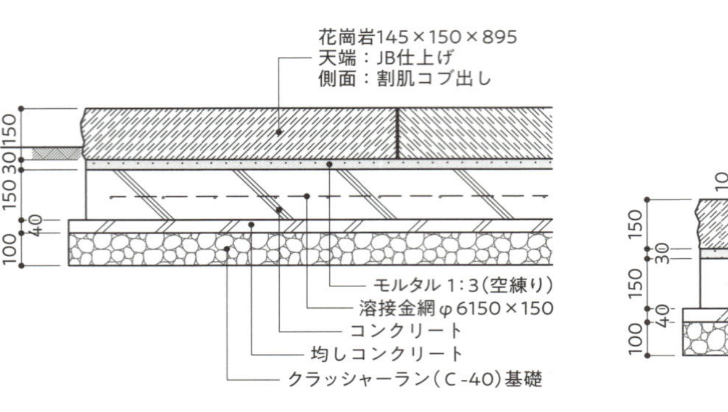

C断面図 Scale=1/25

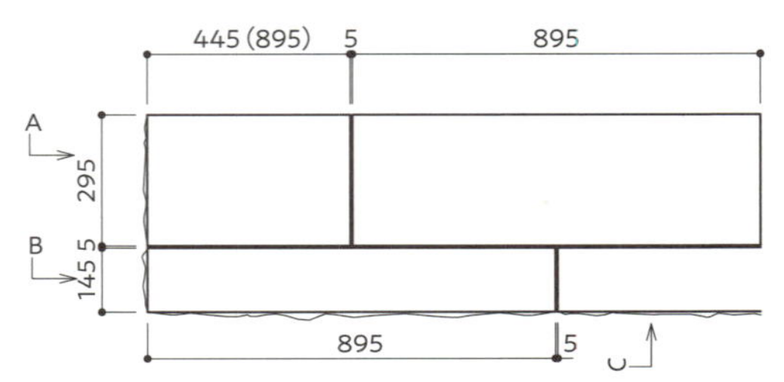

階段平面図 Scale=1/25

維持される豊かな緑量

樹木の太い幹の間をすり抜けていく階段

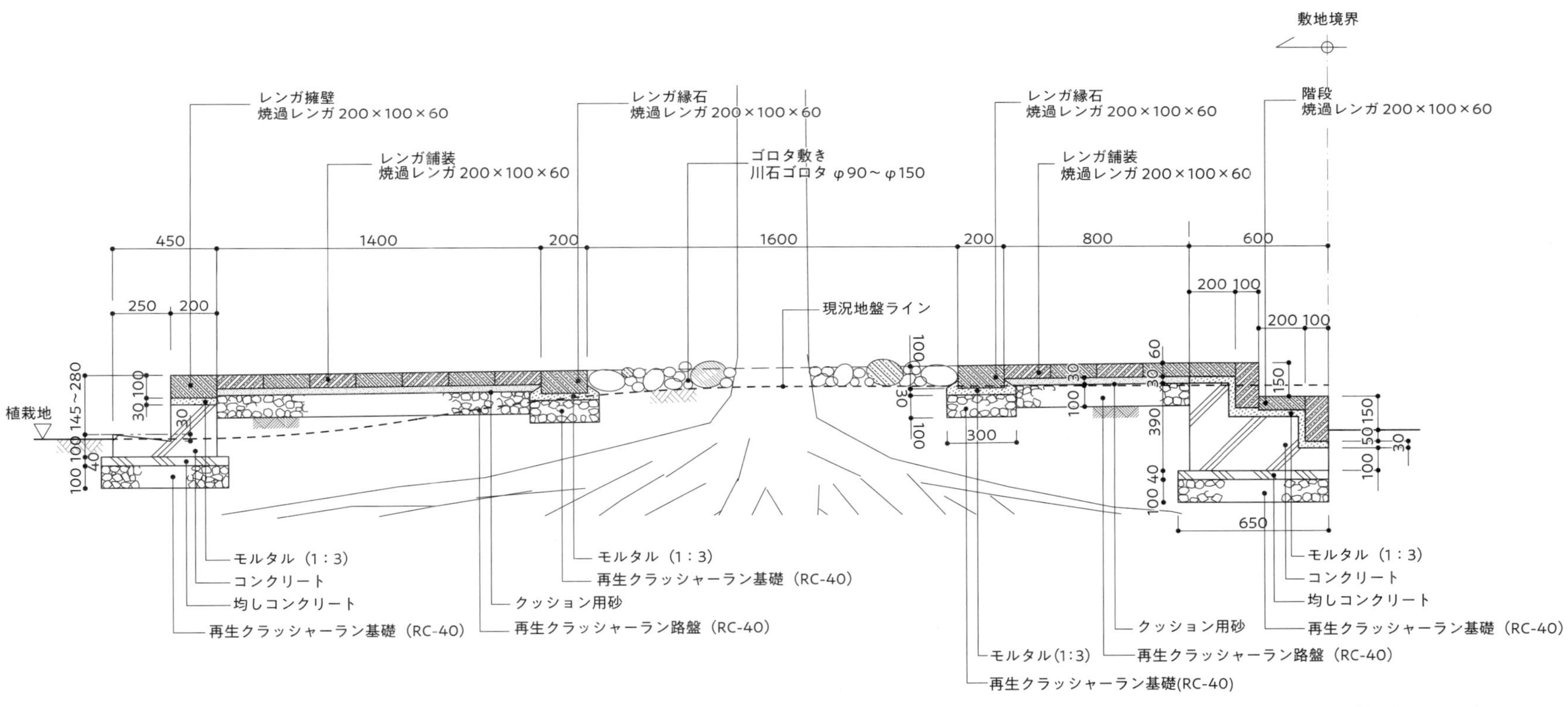

■ カリタス学園｜既存樹を保護する舗装

カリタス学園女子中学高等学校と道路を挟んで対面する同学園幼稚園との間には、敷地境界に立てられた塀の中にひと抱えほどのイチョウの列植があった。校舎を建て替えるにあたってその塀をセットバックさせ、イチョウ並木の歩道を整備することを提案した。ただしイチョウの根元のレベルは敷地外道路より 300mm ほど高かったため、既存樹の根を保護するために根元のレベルを維持しつつ歩く幅を確保するよう、できるだけ広い帯状の基盤を残す設計とした。そのため道路からは二段の段差が生まれたが、1961 年の学園創立以来育ってきたイチョウの根系を保護し、道路との結界が明確となり、歩道上の心地良いアプローチが生まれた。根元に敷き込まれた川石ごろたは歩こうと思えばなんとか歩けるマルチング材である。いろいろな色や形の石は幼稚園の子供たちの興味の対象でもあるようだ。

人と触れ合える距離感になったイチョウ並木

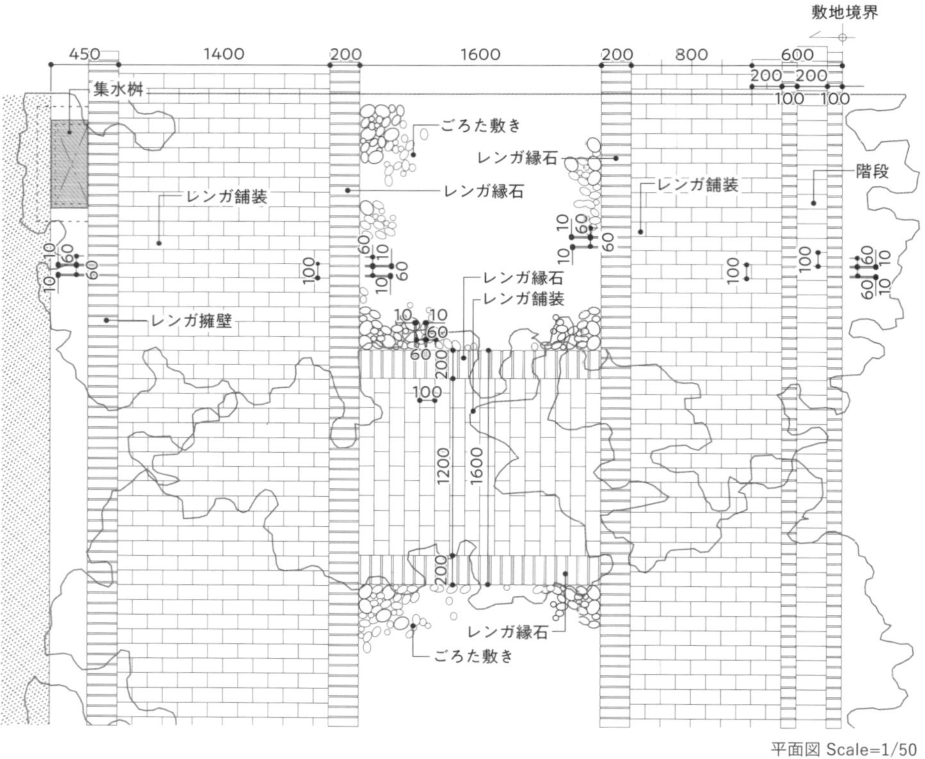

平面図 Scale=1/50

川石ごろたに夢中の園児たち

既存の土留石積みの石材を再利用した修景石積み

クスノキ足元の土留ベンチ

従前の地盤の形状

■ 長崎市役所｜受け継がれるクスノキ広場

樹高15m、枝張り15m～20mにおよぶ既存クスノキの足元は、周囲より約1.5m高い石積で支持された地盤面であった。しかし、隣接する道路の拡幅のため、石積を撤去した上で一部を掘削する必要が生じた。そこでフトンカゴ土留で地盤を支持しなおす方法で根系の生育に配慮した健全な基盤を整えた。また、デッキ材を組み合わせながら高低差を生かした背もたれ付きベンチを設え、クスノキを背にもたれかかることができる居場所とした。かつてこの場所にあった長崎公会堂の建設当時に植えられたクスノキは、60年の時を経た今も、市民に柔らかい木漏れ日の場を提供してくれる。

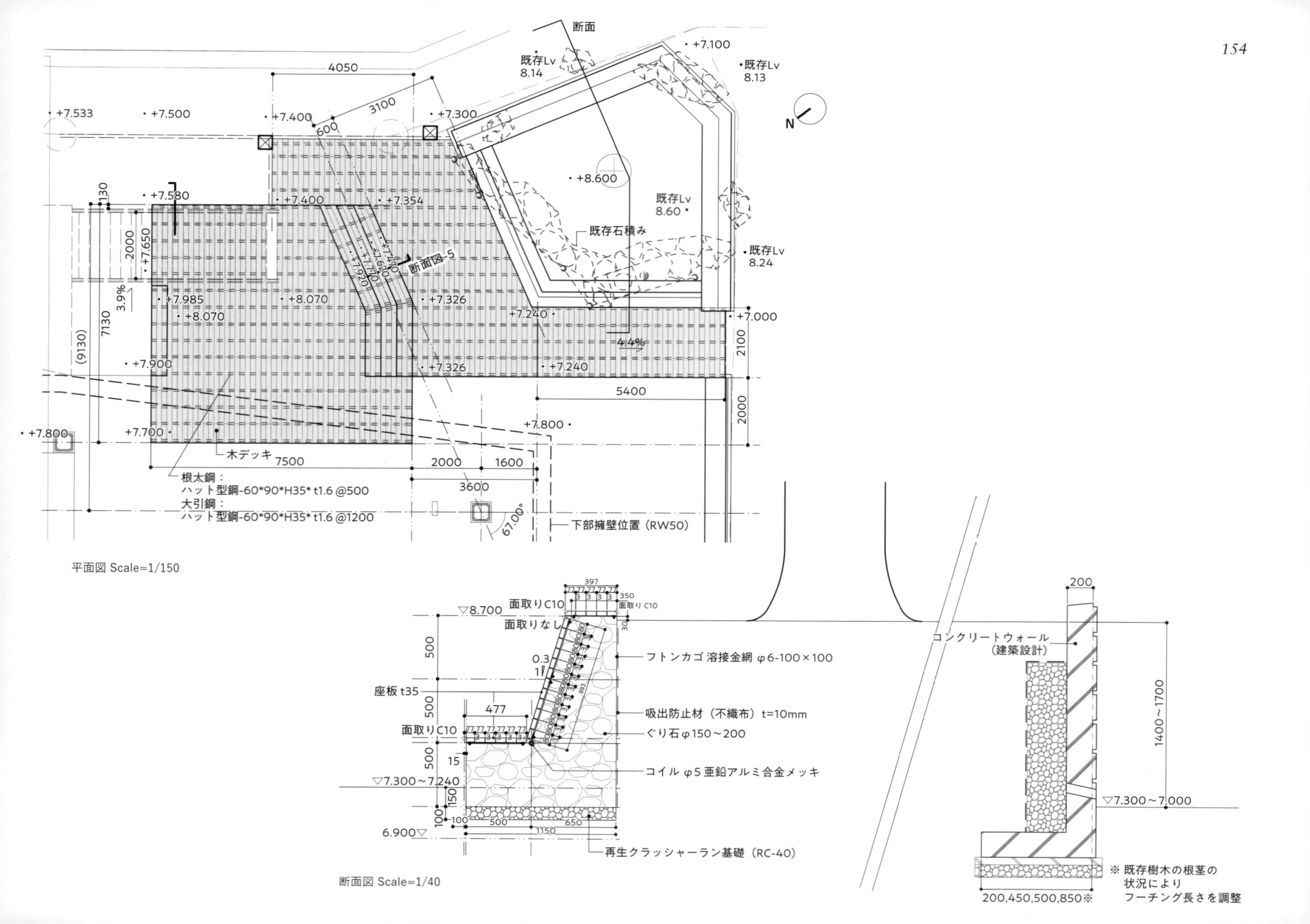
断面
4050
3100
600
+7.533
+7.500
+7.400
+7.300
+7.100
既存Lv 8.14
既存Lv 8.13
N
+8.600
既存Lv 8.60
既存石積み
既存Lv 8.24
+7.580
+7.400
+7.354
+7.650
断面図-5
+7.985
+8.070
+8.070
+7.326
+7.240
+7.000
3.9%
4.4%
+7.900
+7.326
+7.240
5400
+7.800
+7.700
+7.800
木デッキ
7500
2000
1600
3600
根太鋼：
ハット型鋼-60*90*H35* t1.6 @500
大引鋼：
ハット型鋼-60*90*H35* t1.6 @1200
67.00°
下部擁壁位置（RW50）
130
2000
7130
(9130)
2100
2000
平面図 Scale=1/150
397
350
面取りC10
面取りC10
▽8.700
面取りなし
フトンカゴ 溶接金網 φ6-100×100
0.3
1
座板 t35
477
吸出防止材（不織布）t=10mm
面取りC10
ぐり石φ150～200
コイル φ5 亜鉛アルミ合金メッキ
▽7.300～7.240
6.900▽
500
650
1150
再生クラッシャーラン基礎（RC-40）
断面図 Scale=1/40
200
コンクリートウォール
（建築設計）
1400～1700
▽7.300～7.000
200,450,500,850※
※ 既存樹木の根茎の
状況により
フーチング長さを調整

木漏れ日のステージとくんち広場の様子

新植クスノキ足元のしつらえ

既存クスノキ足元のしつらえ

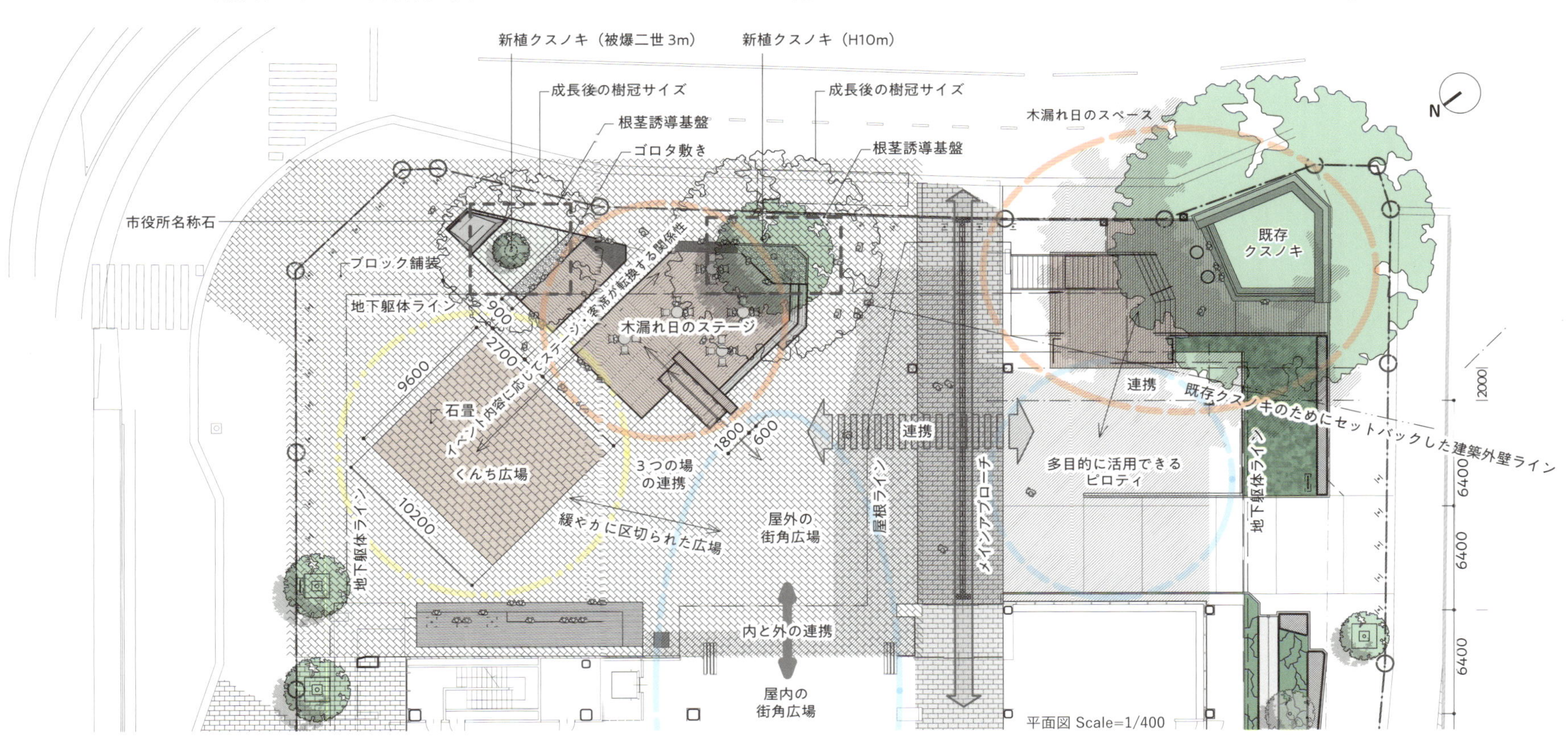

column

渋谷駅東口地下広場
変化を受け入れる素地としての設え

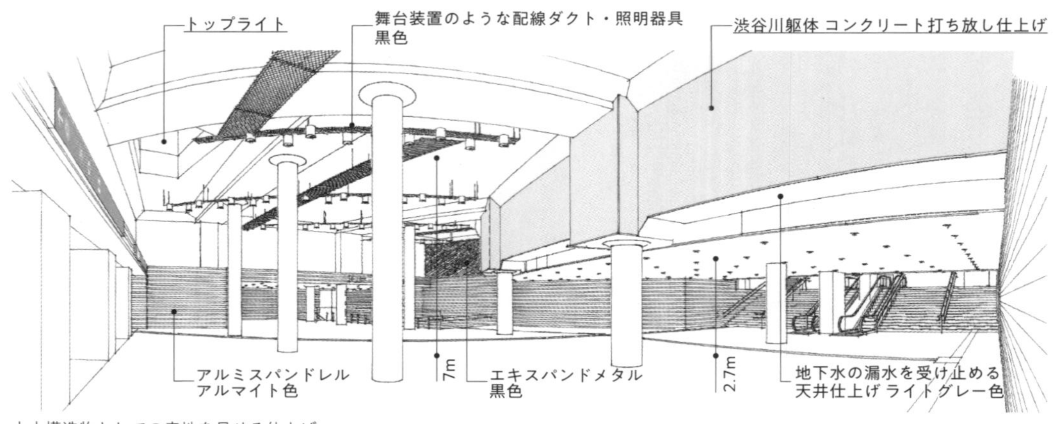

土木構造物としての素地を見せる仕上げ

渋谷駅東口地下広場では天井を流れる渋谷川の存在を顕在化することで、往事の駅前の風景を想起させるような場づくりを目指した。しかし、地上とは扱う要素が異なるため、閉じた地下空間の中で川の存在をどのように可視化すべきか、さまざまな試行錯誤を繰り返すことになった。そして、デザイン調整を行う会議を通じて、土木や建築の学識経験者と意見交換を重ねた結果、土木構造物としての素地を見せるアプローチにたどりついた。歩行者動線と都市インフラが複雑で過密に交錯する都心の地下空間にみられる要素の多様性とそれらを成り立たせている土木技術など、渋谷ならではとも言える立地特性を最も印象的に表現できるデザインを追求した。天井や壁面の仕上げを省略し、大規模な地下構造物がつくり出す空間のスケールを活かすとともに、天井を流れる渋谷川の緩やかなカーブのシルエットを見せている。

天井や壁面の仕上げを省略することで発生する漏水のリスクを想定した導水パン、展示や広告などの空間活用の自由度を確保するために構造躯体にあらかじめ打ち込んだ下地アンカーなど、広場の利用価値を最大化するための装置を用意した。また、天井が高いホール状の空間では天井にトップライトを設け、地下にいながらにして地上の光を感じることのできる場づくりと、今後整備される地上広場との関係を強化することを目指している。この場所での空間体験を通して、川が流れていた過去の渋谷から私たちが知る現代のリアルな渋谷、さらには未来の渋谷をつなぐ空間と時間の流れを想起することができるランドスケープである。

天井の高さと河道の躯体が生み出す特異な空間

おわりに

一つひとつのプロジェクトにおいて、土地の風土や歴史、自然を読み解き、その場に関わるさまざまな人たちとの協働を通じて、あるべきランドスケープ像を模索してきた過程の集積が本書である。ここに至るまで、クライアントはもとより、建築や土木、都市計画、照明やグラフィックなどの専門家やデザイナー、さらには施工やプロダクトの製作、植物材料の生産に携わる人々まで、ここに挙げきることのできない方々との幸せな出会いがあってこそ、幾多のプロジェクトがかたちを成してきたことは言うまでもない。

いつの時代もランドスケープデザインを取り巻く状況は変化しつづけている。グローバルスケールで進行する気候変動、国内の人口減少や地方の衰退などを伴う社会環境の変化、DXがもたらすデザインプロセスのイノベーション、さらにはAIの導入によって必然的に求められるデザイナーの主体性など、このプロフェッションが対峙する現在の課題は多岐にわたる。そしてまた、私たちの設計組織も大きな変わり目を迎えようとしている。

しかし、どのような変化の中にあっても、本書を通じて再確認したランドスケープデザインの視座は、変わることなく私たちの設計活動に通底するものだと確信している。そして、この視座に依って立つデザインは、これからのデザイナーによってさらに進化しつづけ、新たな風景をつむぐディテールを生み出していくことを期待している。

最後に、本書の出版企画を受け入れていただいた学芸出版社の皆様、特に企画立案から編集に至るまでのプロセスを丁寧にフォローしていただいた中井きいこさん、表紙と誌面構成を含む本書全体の装丁をデザインしていただいた石曽根昭仁さんに、深く感謝いたします。

Index

1章 その場所ならではであること Locality		竣工年月	場所	キーワード	頁
1.周りの風景を取り込む	飛騨高山美術館	1997.03	岐阜県高山市	美術館　雑木林　石積み　借景　自然石石積み　ランドフォーム　既存樹	11
	JOSAI安房ラーニングセンター	2004.03	千葉県鴨川市	軟岩　切土　ヴィスタライン　植栽基盤　ランドフォーム	13
	植村直己記念公園	1994.03	兵庫県豊岡市	野面石　自然石石積み　棚田	15
	広島市環境局中工場	2004.03	広島県広島市	ウォーターフロント　臨界埋立地　汀線　石張り　ランドフォーム	17
2.場のかたちを捉える	石川県政記念しいのき迎賓館	2010.03	石川県金沢市	可塑性　辰巳用水　戸室石　自然石石積み　せせらぎ　ランドフォーム	19
	日本生命札幌ビル	2009.11	北海道札幌市	並木　床　融解速度　石張り　ランドフォーム	22
	勝浦市芸術文化交流センター	2014.12	千葉県勝浦市	原地形　造成法面　アーキフォーム　造成地系　フトンカゴ	24
	Water/Cherry	2012.02	日本	水景　壁泉　湾　回廊　自然石石積み　せせらぎ	27
3.気配を引き込む	東急キャピトルタワー	2010.10	東京都千代田区	神社　社叢　人工地盤　灌水　排水施設　植栽基盤　ランドフォーム　既存樹	31
	高崎アリーナ	2017.04	群馬県高崎市	駅　砕石　フトンカゴ	33
	COMICO ART MUSEUM YUFUIN / COMICO ART HOUSE YUFUIN	2017.08	大分県由布市	ローカリティ　葉ずれ　石組み	35
	島津製作所E1号館	2014.05	京都府京都市	南庭北園　コーポレートイメージ　禅宗寺院　塔頭街　コーポレートキャンバス　エントランスコート　石張り　ごろた石　ランドフォーム	37
column	東京都立多摩産業交流センター	2022.10	東京都八王子市	模型　舗装パターン　モジュール　湧水　せせらぎ　コロナ禍　3Dプリンター　面取り	39

2章 さまざまであること Diversity					
1.素材の表情をいかす	住友不動産大崎ツインビル東館	2022.01	東京都品川区	野面石　自然石石積み　木曽石　本磨き	42
	JRゲートタワー	2017.04	愛知県名古屋市	地と図　人造大理石　屋上	44
	氷川ガーデン	2002.03	東京都港区	丹波石　野面石　自然石石積み	47
2.みどりを重ねる	城西大学	1992.03	埼玉県坂戸市	グリッドパターン　川砂利　ごろた石　既存樹	51
	豊洲三丁目3街区	2014.07	東京都江東区	歩行者空間　ツル植物　緑化基準　臨海埋立地　パターン	53
3.いきものと共生する	ICI総合センター	2019.11	茨城県取手市	オープンイノベーション 水循環システム 湿性植物 生物濾過 ボードウォーク 太陽光発電パネル 低炭素化 フトンカゴ 水盤	56
	東京ガーデンテラス紀尾井町	2016.07	東京都千代田区	アーバンスケール　ヒューマンスケール　エコロジカルネットワーク　ビオトープ　小松石　ボサ石　自然石石積み　せせらぎ	59
	シマノ下関工場 Intelligent Plant	2016.11	山口県下関市	生態調査　貯留池　エコロジカルなネットワーク　抽水植物　山採り　遺伝子資源　フトンカゴ	61
column	HOTEL THE MITSUI KYOTO	2020.10	京都府京都市	生物多様性　在来の植物種　水盤	64

3章 いき続けること Sustainability					
1.豊かな下地を整える	早稲田大学本庄高等学院 梓寮	2018.02	埼玉県本庄市	ボイド　雑木林　割ぐり砕石　フトンカゴ　単粒度砕石　土中還元　環境調整機能	67
	ムスブ田町	2020.07	東京都港区	雨水流入管　オーバーフロー管　根系誘導　雨水流出抑制　地下水涵養　浸透貯留施設　植栽基盤	69
	リズモ大泉学園 大泉学園駅北口地区第一種市街地再開発事業	2015.03	東京都練馬区	第二の大地　植栽基盤　屋上　モジュール	71
2.コンテクストとつながる	式年遷宮記念せんぐう館	2012.03	三重県伊勢崎市	式年遷宮　サスティナビリティ　土羽　自然石石積み　在来草本　相観	75
	早稲田大学37号館 早稲田アリーナ	2018.11	東京都新宿区	第二の大地　実生　物質循環　透水性平板　不透水層　水生植物　人工地盤　フトンカゴ　植栽基盤　屋上	77

	パッシブタウン 黒部	2017.06	富山県黒部市	黒部川扇状地　伏流水　帯水層　歩廊　水桟敷　水盤	81
3.自然なふるまいを促す	城西国際大学	2005.03	千葉県東金市	耕作パターン　幾何学形態　ストライプ	84
	早稲田大学37号館 早稲田アリーナ	2018.11	東京都新宿区	天空光　木製床　リン酸亜鉛処理　割ぐり石　フトンカゴ　屋上	86
column	パッシブタウン 黒部	2017.06	富山県黒部市	パッシブタウン　保水性舗装　落葉樹　ヒューマンスケール　パブリックスペース　黒部川扇状地　農業用灌漑水路伏流水　帯水層　持続可能	88

4章 しなやかであること Resilience & Adaptability

1.しなやかに対応する	宇治のアトリエ	2009.03	京都府宇治市	雨水流出抑制　雨落ち　自然石石積み　浸透桝　土中還元　ごろた石　レインガーデン	91
	ひたち野南近隣公園	2001.04	茨城県牛久市	谷戸　近自然型側溝　ヴィスタ　調整池　フトンカゴ	93
	GINZA SIX	2017.04	東京都中央区	水桟敷　水盤　屋上	95
	コンフォール松原B2/B3街区	2018.05	埼玉県草加市	クラインガルテン　宿根草　エコロジカルネット　割ぐり石　オーバーフロー管　フトンカゴ　レインガーデン	98
	HOTEL THE MITSUI KYOTO	2020.10	京都府京都市	Sense of Arrival　地下躯体　水膜　水盤　前景	101
2.さりげなく設える	春日部市東部地域振興ふれあい拠点施設（ふれあいキューブ）	2011.09	埼玉県春日部市	指定避難所　花崗岩　石張り　本磨き　メンバー	105
	曳舟駅前地区Ⅰ街区	2008.03	東京都墨田区	防災井戸　密集市街地　市街地再開発事業　土地の記憶　路地尊　貯留施設　人孔	108
	川口並木元町近隣公園	2006.03	埼玉県川口市	疎林　水景　水盤　芝生桟敷　石敷き　鋳物　アルミキャスト　ツリーサークル　点景	110
	七ヶ浜町の復興まちづくり事業における景観再生計画	2017.03	宮城県宮城郡	津波防災緑地　植栽基盤　東日本大震災　復興事業　災害危険区域　海岸堤防	114
	南三陸町震災復興祈念公園	2020.10	宮城県本吉郡	自然災害　被災地　沿岸部低平地　遠景　視点場　眺望　ごろた石	116
column	早稲田大学37号館 早稲田アリーナ	2018.11	東京都新宿区	平板　割ぐり石　あられこぼし　建築躯体　リン酸亜鉛処理　地被植物　フトンカゴ　レインガーデン	120

5章 物語があること Narrative & Story

1.見えないものを映しだす	SIX SENSES KYOTO	2023.12	京都府東山区	植栽基盤　石組み　町家　ドライエリア	123
	大手町川端緑道	2014.03	東京都千代田区	歩行者専用道路　水と緑のネットワーク　保水性舗装　江戸小紋　石張り　フトンカゴ	124
	GINZA SIX	2017.04	東京都中央区	庭園文化　広場文化　大名庭園　疎林　江戸小紋　植栽基盤　水盤　屋上	127
2.離れたときをつなぐ	平等院鳳翔館	2002.03	京都府宇治市	世界遺産　歴史的風致　歴史的景観　河岸段丘　人工地盤　シークエンス　苔　ごろた石　ランドフォーム　微地形	130
	新宮市文化複合施設（丹鶴ホール）	2021.07	和歌山県新宮市	遺構　地下遺構　砕石　フトンカゴ　自然石石積み　ランドフォーム	132
	林田大庄屋旧三木家住宅	2010.03	兵庫県姫路市	復元整備　池泉廻遊式　飛石　灯籠　塔　石橋　護岸石積み　延段　はずしもの	134
	東京国立博物館庭園再整備計画	2021.03	東京都台東区	茶室　花崗岩　石張り　石組み　既存樹　延段　錆石	136
	九段会館テラス	2022.07	東京都千代田区	アダプティブユース　建築防水層　保護コンクリート　溶接金網　スチールプレート　浮床　屋上	138
	HOTEL THE MITSUI KYOTO	2020.10	京都府京都市	日本庭園　景石　石組み　灯籠　手水鉢　ナラティブ　水盤	141
3.みどりを受け継ぐ	東北大学片平キャンパス片平北門会館	2011.03	宮城県仙台市	鋼板ウォール　木漏れ日　既存樹	145
	高志の国文学館	2012.07	富山県富山市	リノベーション　アルミ鋳物　雑木林　雑木　既存樹　鋳物　せせらぎ	147
	立教女学院	2002.03	東京都杉並区	既存樹	149
	カリタス学園	2007.07	神奈川県川崎市	セットバック　マルチング材　川石ごろた　ごろた石　既存樹	151
	長崎市役所	2023.03	長崎県長崎市	フトンカゴ　自然石石積み　既存樹	153
column	渋谷駅東口地下広場	2019.12	東京都渋谷区	川　歩行者動線　都市インフラ　下地アンカー　トップライト	156

著者（所員）一覧
吉田 新（パートナー）
山根 喜明（パートナー）
宮城 俊作（パートナー）
吉村 純一（パートナー）
吉澤 眞太郎（パートナー）
岸 孝（パートナー）
小林 祐太 *
女鹿 裕介（アソシエイト）
冨士榮 宏将 *
入江 貴道
侯 斯弋
笹原 洋平
四方 勘太
北嶋 萌絵
武部 雅子
林 美恵子

*：元所員（2024年10月時点）

元所員 一覧
高橋 靖一郎
三田 武史
高橋 宏樹
霜田 亮祐
加藤 直子（旧姓）
高橋 裕佳（旧姓）

風景をつむぐディテール

土地・場所・時の設計図集

2024年12月1日　第1版 第1刷 発行
2025年5月20日　第1版 第2刷 発行

著　者　PLACEMEDIA

発行者　井口 夏実
発行所　株式会社 学芸出版社
京都市下京区木津屋橋通西洞院東入
電話 075-343-0811　〒600-8216
http://www.gakugei-pub.jp
info@gakugei-pub.jp

編集　中井 きいこ
デザイン　石曽根 昭仁
印刷・製本　シナノパブリッシングプレス

ISBN978-4-7615-3300-7

プロジェクト（掲載順）	事業者	建築設計者
飛騨高山美術館	紀文	KAJIMA DESIGN
JOSAI安房ラーニングセンター	城西国際大学	大田建築設計研究所
植村直己記念公園	日高町	栗生総合計画事務所
広島市環境局中工場	広島市	谷口建築研究所
石川県政記念しいのき迎賓館	石川県	山下設計
日本生命札幌ビル	日本生命保険	久米設計
勝浦市芸術文化交流センター	勝浦市	山下設計
Water/Cherry	個人邸	隈研吾建築都市設計事務所
東急キャピトルタワー	東京急行電鉄	隈研吾建築都市設計事務所
高崎アリーナ	高崎市	山下設計
COMICO ART MUSEUM YUFUIN/COMICO ART HOUSE YUFUIN	NHN JAPAN	隈研吾建築都市設計事務所
島津製作所E1号館	島津製作所	三菱地所設計
東京都立多摩産業交流センター	東京都	山下設計
住友不動産大崎ツインビル東館	住友不動産	総合監修：住友不動産、設計監理：日建設計
JRゲートタワー	東海旅客鉄道、ジェイアールセントラルビル	名古屋駅新ビル（仮称）実施設計共同企業体 （大成建設、日建設計、JR東海コンサルタンツ）
氷川ガーデン	ペンブローク・リアルエステイト	アーキノーバ建築研究所
城西大学	城西大学	大田建築設計研究所
豊洲三丁目3街区	IHI、豊洲三丁目開発特定目的会社	三菱地所設計
ICI総合センター	前田建設工業	前田建設工業
東京ガーデンテラス紀尾井町	西武リアルティソリューションズ	KPF, 日建設計
シマノ下関工場 Intelligent Plant	シマノ	芦原太郎建築事務所
HOTEL THE MITSUI KYOTO	三井不動産	栗生総合計画事務所、清水建設
早稲田大学本庄高等学院 梓寮	早稲田大学	山下設計
ムスブ田町	東京ガス不動産、三井不動産、三菱地所	KPF, 三菱地所設計、日建設計
リズモ大泉学園 大泉学園駅北口地区第一種市街地再開発事業	大泉学園北口地区市街地再開発組合 （西武鉄道、野村不動産ほか）	アール・アイ・エー
式年遷宮記念せんぐう館	神宮式年造営庁	栗生総合計画事務所
早稲田大学37号館 早稲田アリーナ	早稲田大学	山下設計、清水建設
パッシブタウン 黒部	YKK	-
城西国際大学	城西国際大学	アーキリンク建築研究所
宇治のアトリエ	個人邸	長坂大（Mega）
ひたち野南近隣公園	住宅・都市整備公団（現：UR都市機構）	-
GINZA SIX	銀座六丁目10地区市街地再開発組合	銀座六丁目地区市街地再開発計画設計共同体 （谷口建築設計研究所、鹿島建設）
コンフォール松原B2/B3街区	UR都市機構	市浦ハウジング&プランニング
春日部市東部地域振興ふれあい拠点施設（ふれあいキューブ）	埼玉県、春日部市	山下設計
曳舟駅前地区Ⅰ街区	UR都市機構	アール・アイ・エー
川口並木元町近隣公園	UR都市機構	-
七ヶ浜町の復興まちづくり事業における景観再生計画	七ヶ浜町	-
南三陸町震災復興祈念公園	南三陸町	-
SIX SENSES KYOTO	一般社団法人みょうほう	清水建設、BLINK
大手町川端緑道	UR都市機構	-
平等院鳳翔館	宗教法人 平等院	栗生総合計画事務所
新宮市文化複合施設（丹鶴ホール）	新宮市	山下設計
林田大庄屋旧三木家住宅	姫路市	財団法人建築研究協会
東京国立博物館庭園再整備計画	東京国立博物館（国立文化財機構）	-
九段会館テラス	ノーヴェグランデ （出資会社：東急不動産、鹿島建設）	鹿島・梓設計・工事監理業務共同企業体
東北大学片平キャンパス片平北門会館	東北大学	山本・堀アーキテクツ
高志の国文学館	富山県	CAn
立教女学院	立教女学院	山下設計
カリタス学園	カリタス学園	近藤道男建築設計室
長崎市役所	長崎市	山下設計
渋谷駅東口地下広場	渋谷駅街区土地区画整理事業施行者	パシフィックコンサルタンツ